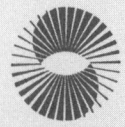

入門微分積分学
15章

熊原啓作
Kumahara Keisaku

日本評論社

はじめに

　微分とは量の変動を記述する一つの手法である．日常目にする変動するものは数限りなくある．走る自動車，頬をなでる風，空に昇る太陽，赤ちゃんのご機嫌，成長する植物，毎日の株価，気温や体温等々．これらを記述するのに人はあるときは詩で，あるときは絵画で，あるいは写生文として．またビデオにとって再生し，また写真によるかも知れない．自然科学ではこれらを時刻で定まる数式として表現することが多い．それによって客観性を与えようとするためである．
　高いところから物を落とすと t 秒後にどこまで落ちるかはほぼ一つの数式で表される．「カロリーを取りすぎると肥満になる」といっても一般的傾向を表してはいても，どのくらい食べればカロリーの取り過ぎになり体重がどう変化するのか分からない．しかし他の条件を同じとして，一つの食品だけ食べるとして，食べる量を変えれば体重は変わる．この場合，体重は食べ物の摂取量によって決まると考えられ，体重は食料の関数であるといえる．しかし，既に知っているような多項式や三角関数などを用いて数式として表すことはできない．
　しかし，絶食による体重の減量効果を考えてみよう．体重が重い人のほうが軽い人より同じ期間でも大きく減量することが観察される．いま，ある実験によって減量が絶食期間と体重に比例することが分かったとすれば，体重を時間の関数として数式で表すことができる．またそれによってもう少し後の期日での体重を予測することもできる．数式を求める過程において減量が微分の概念を用いて表される．
　この例では，体重が絶食の経過時間によって決まるということから時間の関数と考えるのである．その関数は測定によって値を，あるいは近似値を求めることができるが，あらかじめ既知の数式で与えられるのではない．微分を用いて数式を求めることができるのである．

気温は同じ場所で計れば，時間の関数である．しかし単純な数式で表すことはできない．

一般には物事は多くのものに依存している．そのすべてを考慮に入れれば複雑すぎる．無視しうるものは無視し，省略できるものは省略していくつかの要因に絞り，その依存関係を調べるのである．ここでは特に一つの要因だけに着目し，それを1変数関数として表し，その増加減少，最大値最小値などを調べることにする．

さらに具体的な事象をいくつか取り上げ，それを微分方程式で表し，事象を表示する関数を求める．そのために必要な事柄をいくつかの章で解説する．

また歴史的に見て面積，体積を求めるということは微積分学誕生の基となり，また中心的な話題の一つでもあった．定積分の応用として解説する．ただし多変数の微積分を勉強しなければ面積体積の一般的理解には届かない．

微分積分学の入門という性格上 ε-δ 論法を用いた厳密な取り扱いはさけた．省略した議論および理論を附章において述べた．ただし微分方程式の解の性質（存在や一意性）は述べる余裕がなくなったので，別の本(例えば参考文献　熊原 [2], [4])を参照していただきたい．

微分積分学は通常，偏微分，重積分を扱った多変数の微分積分と合わせて講義される．多変数については，本書の続編として『多変数の微分積分学15章』の出版が予定されている．

本書はもともと放送大学の授業の印刷教材として書かれたものである．15週の授業のために作った教材が一般の大学における講義でも使用できるのではないかとのご助言により出版することにしたものである．この出版には放送大学教育振興会のご理解と亀書房・亀井哲治郎氏のご努力がなければ実現しなかった．ここに感謝申し上げたい．

2011年9月

熊原啓作

目次

はじめに i

第1章 関数と変動 1
　1.1　関数 1
　1.2　極限値 8

第2章 導関数 17
　2.1　微分係数・導関数 17
　2.2　接線 24
　2.3　微分 25

第3章 不定積分と導関数の計算 29
　3.1　原始関数 29
　3.2　合成関数の微分 31
　3.3　置換積分 32
　3.4　逆関数とその微分 34
　3.5　部分積分 37

第4章 指数関数と対数関数 39
　4.1　指数関数と対数関数 39
　4.2　指数関数・対数関数の導関数 42
　4.3　対数微分法 45
　4.4　双曲線関数 47

第5章 三角関数と逆三角関数 50
　5.1　三角関数 50

5.2	三角関数の導関数	55
5.3	逆三角関数	57

第 6 章　有理関数の不定積分　　62
6.1	有理関数の不定積分	62
6.2	有理関数の積分に帰着される積分	67

第 7 章　定積分　　72
7.1	定積分	72
7.2	微分積分学の基本定理	78
7.3	部分積分法・置換積分法	81

第 8 章　平均値の定理　　85
8.1	平均値の定理	85
8.2	不定形の極限	89

第 9 章　テイラーの定理　　94
9.1	高階導関数	94
9.2	テイラーの定理	98

第 10 章　関数の増加と減少，極値　　105
10.1	関数の増減	105
10.2	極大値・極小値	108
10.3	関数の凹凸	111

第 11 章　積分の拡張　　117
11.1	広義積分	117
11.2	ガンマ関数，ベータ関数	123

第 12 章　面積と体積　　128
12.1	面積	128
12.2	曲線の長さ	130
12.3	回転体の体積	132
12.4	回転体の側面積	134

第 13 章　平面曲線　　138
　13.1　曲線のパラメーター表示 ………………………………… 138
　13.2　曲率 ………………………………………………………… 145
　13.3　伸開線と縮閉線 …………………………………………… 149

第 14 章　級数　　152
　14.1　無限級数 …………………………………………………… 152
　14.2　テイラー級数 ……………………………………………… 160

第 15 章　簡単な微分方程式　　167
　15.1　放射性物質の崩壊のモデル ……………………………… 167
　15.2　ニュートンの冷却の法則 ………………………………… 172
　15.3　バネの振動 ………………………………………………… 175

附章　極限と連続　　183
　A.1　実数 ………………………………………………………… 183
　A.2　数列の極限 ………………………………………………… 185
　A.3　関数の極限値 ……………………………………………… 193
　A.4　関数の連続性 ……………………………………………… 194
　A.5　指数関数 …………………………………………………… 195
　A.6　連続関数の性質 …………………………………………… 196
　A.7　逆関数 ……………………………………………………… 198
　A.8　合成関数の微分法 ………………………………………… 200
　A.9　不定形の極限 ……………………………………………… 201
　A.10　一様連続 …………………………………………………… 202
　A.11　関数の積分可能性 ………………………………………… 203
　A.12　関数項の無限級数 ………………………………………… 206

演習問題の解答　　215

人名　　227

参考文献　　228

第1章　関数と変動

本章のキーワード
関数，変数，区間，座標，合成関数，極限値，連続

1.1　関数

実数 x に実数 y が対応しているときこの対応を**関数**という．このような対応はいくらでもある．例えば

$$y = 2x + 1 \quad (1\,次関数), \tag{1.1}$$

$$y = x^2 + 3x + 2 \quad (2\,次関数), \tag{1.2}$$

$$y = \frac{1}{x+1} \quad (分数関数), \tag{1.3}$$

$$y = \sqrt{x-1} \quad (無理関数) \tag{1.4}$$

などである．また「はじめに」にあげた例のように，x を時刻，y をそのときのある地点における気温とすれば，実数 x に実数 y が対応する．したがってこれも一つの関数である．

歴史的には関数は変量 x によって解析的に式として表示されるものだけを意味していた．現代では写像と同じ意味で用いられる．集合 A の要素 x に集合 B の要素 y を定めるような対応の規則を**写像**という．特に A, B が数からなる集合のとき関数とよぶのが一般的な定義である．

一般に数式で表されるかどうかにかかわらず，関数を $f(x)$ あるいは $g(x)$ などと表す．関数 f といったり，関数 $f(x)$ といったりする．関数は英語では $function$ であり，その頭文字 f を用いる．同時に複数の関数を扱うときはアルファベットで f の次の g や，f に対応するギリシャ文字 φ(ファイ) やそれに続く ψ(プサイ) を用いることが多い：

$$y = f(x), \quad y = g(x), \quad y = \varphi(x), \quad y = \psi(x), \quad \cdots.$$

関数 $y = f(x)$ の x を**変数**という．また x が変動するに従って y が変動するという意味で，x を**独立変数**，y を**従属変数**ということがある．しかし $f(x)$ で表される現象の原因が独立変数 x というのではない．

上にあげた例のうち $y = \dfrac{1}{x+1}$ は $x = -1$ に対しては意味を持たない．また $y = \sqrt{x-1}$ は y が実数であるためには $x \geqq 1$ でなければならない．

一般に関数 $f(x)$ が意味があるような x の全体を関数 f の**定義域**という．本書ではしばしば関数 f の定義域を D_f と表す．D を関数 $y = f(x)$ の定義域に含まれる集合とする．変数 x が D 内を動くとき，その値 $f(x)$ の全体を $f(D)$ と表し，D の $f(x)$ による**像**という．$f(x)$ の定義域の像を**値域**という．

関数の定義域としては実数の区間または有限個の区間が普通である．実数全体のなす集合を $\boldsymbol{R}$ と表そう．a, b を $a < b$ であるような実数とするとき，a, b を両端とする**開区間** (a, b) を $a < x < b$ をみたす実数 x 全体のなす集合，すなわち

$$(a, b) = \{x \in \boldsymbol{R} \mid a < x < b\}$$

とする．ここで記号 $\{x \in S \mid \cdots\}$ は，集合 S の要素 (元) であって，条件 $\cdots$ をみたすもの全体からなる集合を表す．同様に a, b を両端とする**閉区間**

$$[a, b] = \{x \in \boldsymbol{R} \mid a \leqq x \leqq b\},$$

半開区間

$$[a, b) = \{x \in \boldsymbol{R} \mid a \leqq x < b\},$$
$$(a, b] = \{x \in \boldsymbol{R} \mid a < x \leqq b\}$$

などの記号を用いる．また**無限区間**

$$(-\infty, b) = \{x \in \boldsymbol{R} \mid x < b\},$$
$$(-\infty, b] = \{x \in \boldsymbol{R} \mid x \leqq b\},$$
$$(a, \infty) = \{x \in \boldsymbol{R} \mid x > a\},$$
$$[a, \infty) = \{x \in \boldsymbol{R} \mid x \geqq a\},$$
$$(-\infty, \infty) = \boldsymbol{R}$$

も用いる．

例題 1.1 次の関数の定義域は何か.

(1) $f(x) = \sqrt{x^2 + 3x + 2}$　　(2) $f(x) = \sqrt{\dfrac{x+1}{1-x}}$

解 (1) $x^2 + 3x + 2 = (x+2)(x+1) \geqq 0$ となるのは $x \leqq -2$ および $x \geqq -1$ となるときであるから,
$$D_f = (-\infty, -2] \cup [-1, \infty).$$

(2) 根号の中が負でないという条件と, 分母が 0 でないという条件から
$$D_f = [-1, 1).$$
□

関数 $y = f(x)$ が集合 D で定義されていて, D からその像 $f(D)$ への 1 対 1 の写像, すなわち, $x_1 \neq x_2$ ならば $f(x_1) \neq f(x_2)$ となっているとする. そのとき $y \in f(D)$ に対して $y = f(x)$ となる $x \in D$ がただ一つある. x は y によって決まるので, y の関数と考え, $x = f^{-1}(y)$ と表し, $y = f(x)$ の**逆関数**という. 独立変数を x に従属変数を y にした関数 $y = f^{-1}(x)$ を, (D における) $y = f(x)$ の**逆関数**ということもある. これは $y = f(x)$ の x と y を入れ替え, y についての方程式と考えて解いたものである.

例 1.1 $y = x + 1$ の逆関数は $y = x - 1$ である.

例 1.2 $y = x^2$ $(x \geqq 0)$ の逆関数は $y = \sqrt{x}$ である. □

関数 $y = f(x)$ が D で定義され, $z = g(y)$ が $f(D)$ を含む集合 E で定義されているとき, x を与えれば y が定まり, その y に対して z が定まる. したがって z は D で定義された x の関数である. これを f と g の**合成関数**といい, $g \circ f$ と表す. $z = (g \circ f)(x) = g(f(x))$ である.

一般には $g \circ f \neq f \circ g$ である.

例 1.3 $f(x) = 2x, g(x) = x + 1$ のとき,
$$(g \circ f)(x) = g(f(x)) = g(2x) = 2x + 1$$
であり,
$$(f \circ g)(x) = f(g(x)) = f(x+1) = 2(x+1)$$
である. □

座標

関数を幾何学的にとらえるために座標を考える．座標の起源は解析幾何学を発明したデカルトとフェルマにさかのぼる．図形を式で表し，幾何学の問題を代数式に置き換えて考察するためであった．

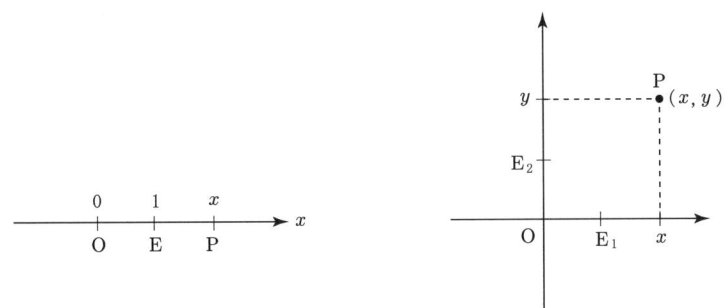

図 1.1 直線と平面の座標

まず，直線における座標は次のように定める．直線上に 1 点 O を固定し**原点**とよぶ．もう 1 点**単位点**とよぶ点 E をとる．直線上の点 P が，線分 OP の長さが線分 OE の長さの p 倍であって，原点 O に関して E と同じ側にあれば，P に p を対応させ，E と反対側にあれば，$-p$ を対応させ，その対応する値を P の**座標**という．すると直線上のすべての点に実数が一つずつ対応し，逆にどの実数にもそれを座標とする直線上の点が一つ定まる．点 P の座標が x のとき P $= (x)$ と表そう．すると O $= (0)$ であり E $= (1)$ である．この対応によって直線は実数の全体 $\boldsymbol{R}$ と同じものと見なされる．直線をこのように見なしたとき**数直線**ということがある．

平面上に固定した点 O において直交する，原点から単位点までの長さが等しい二つの数直線が共に O を原点とするものとすれば，平面上の**直交座標系**が得られる．一方の数直線上の座標を x で表して x 軸といい，他方の座標を y で表して y 軸という．平面上の点 P を通り y 軸に平行な直線と x 軸との交点の座標を x, 同じく P を通り x 軸に平行な直線と y 軸との交点の座標を y として，P に実数の組 (x, y) を対応させる．(x, y) を P の**座標**といい，P $= (x, y)$ と表す．x を P の x 座標，y を P の y 座標という．またこの平面を xy 平面という．原点と二つの座標軸上の単位点 $E_1 = (1, 0), E_2 = (0, 1)$ で決まるので直交座標系 $\{O; E_1, E_2\}$, あるいはもっと簡単に直交座標系 O–xy という言い方をする．直交座標は**デカル**

ト座標ともいわれる[1]．

定義域 I をもつ関数 $y = f(x)$ があるとき，点 $(x, f(x))$, $(x \in I)$ の全体をこの関数の**グラフ**または**曲線** $y = f(x)$ という．

例えば 1 次関数

$$y = ax + b \tag{1.5}$$

のグラフは**傾き**が a で y **切片**が b の**直線**である．(1.5) で表されない直線は y 軸に平行な直線で，式

$$x = a$$

によって表される．これを**傾きが無限大**の直線ということもある．

2 次関数

$$y = ax^2 + bx + c \quad (a \neq 0)$$

は

$$y = a\left(x + \frac{b}{2a}\right)^2 - \frac{b^2 - 4ac}{4a}$$

より，対称軸が $x = -\dfrac{b}{2a}$ で頂点が $\left(-\dfrac{b}{2a}, -\dfrac{b^2 - 4ac}{4a}\right)$ の**放物線**である．

一般に

$$y = a_n x^n + a_{n-1} x^{n-1} + \cdots + a_1 x + a_0 \quad (a_n \neq 0)$$

の形の式を**多項式**，$a_n \neq 0$ のときは n 次多項式という．

式 (1.1)〜(1.4) で与えられる関数のグラフは次ページの図 1.2〜図 1.5 のようになる．

空間においては，座標系のある xy 平面の原点 O に直交するような O を原点とする数直線を考え，この直線を z 軸という．空間の点 P から xy 平面に下ろした垂線の足の平面上の座標を (x, y), P を通り xy 平面に平行な平面と z 軸との交点の直線上の座標を z として，P に三つの実数の組 (x, y, z) を対応させて P の**座標**といい，P $= (x, y, z)$ と表す (図 1.6)．

---

1) デカルトはこのような直交座標系を考えたのではなく，ある幾何の問題を例に，主要な 2 直線とそれらの上の距離 x, y となる点を考えれば，その幾何の問題が x, y の代数式で表されることを述べている (デカルト『幾何学』, 1649).

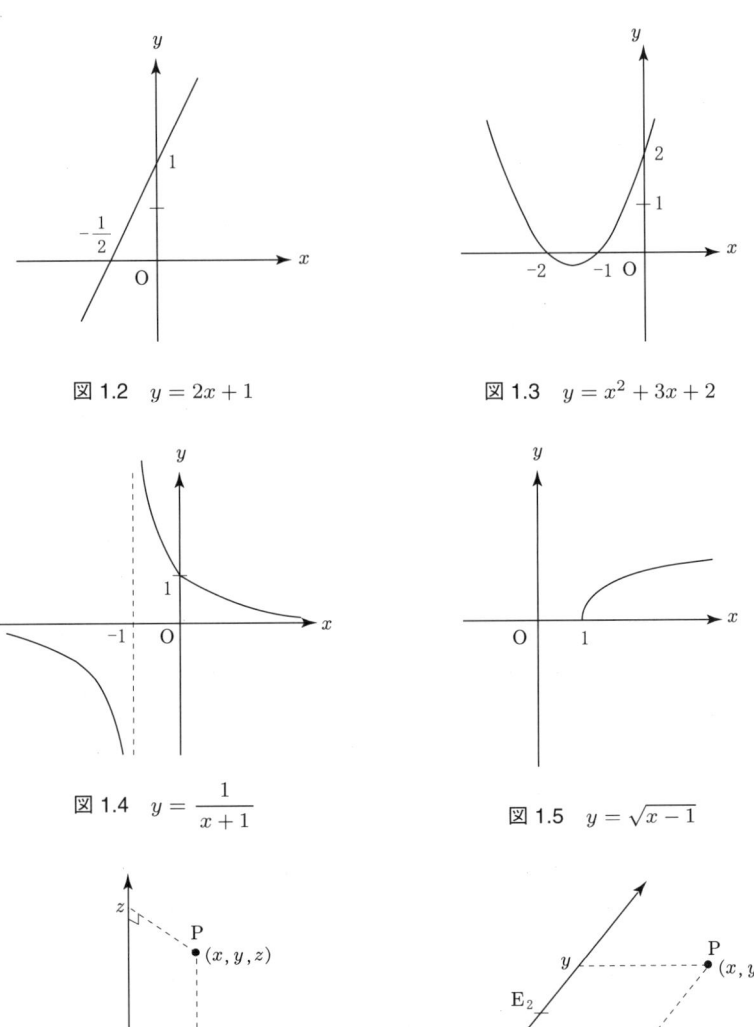

図 1.2 $y = 2x + 1$

図 1.3 $y = x^2 + 3x + 2$

図 1.4 $y = \dfrac{1}{x+1}$

図 1.5 $y = \sqrt{x-1}$

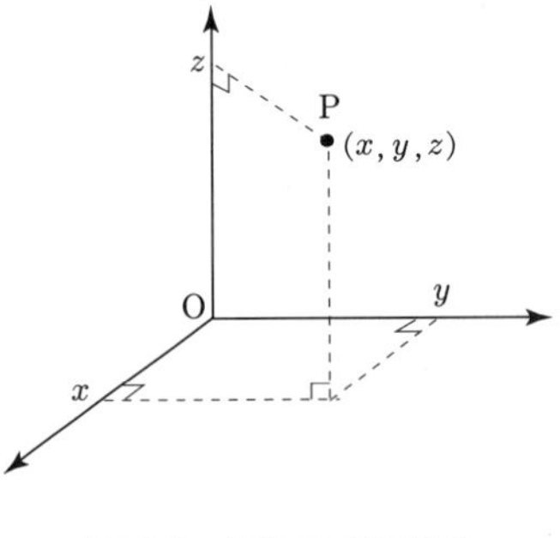

図 1.6 空間の直交座標

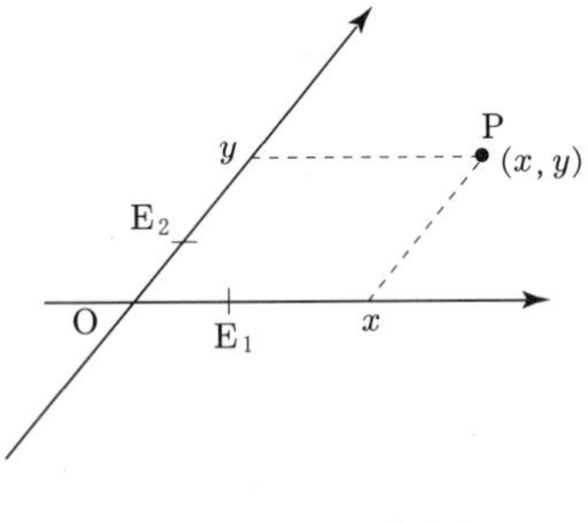

図 1.7 平面の平行座標

平面の座標として直交座表系をとったが，位置を決めるためには直交である必要はない．平面上に必ずしも直角にではなく，原点で交わる 2 数直線を x 軸と y

軸とし，平面上の点 P を通り y 軸と平行な直線が x 軸と交わる点の目盛り (座標) を x，x 軸と平行な直線が y 軸と交わる点の目盛りを y として P の座標を (x, y) とするのである (図 1.7)．このような座標系を**平行座標系**という．空間における平行座標系も同様に定義する．この座標系は距離に関係しないアファイン幾何学を考えるには好都合ではあるが，微分積分学のようなユークリッドの距離を用いるのには適しない．

座標として重要なものに**極座標**がある．平面上に一点 O と，O を端点とする半直線 l を考える．O を**極**，l を**基線**という．O のまわりの角の測り方について，正負を決めておく．通常使われるのは反時計回りを正とするものである．平面上の点 P に対して l から OP までの角を θ，OP の長さを r とするとき (r, θ) を P の極座標という．ただし P = O のときは $r = 0$ であるが θ は不定である．OP を**動径**，r を P の**動径成分**，θ を**偏角**という．

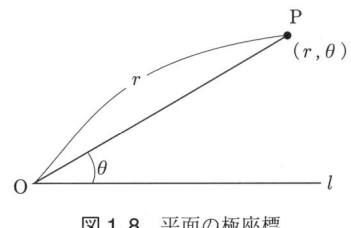

図 1.8　平面の極座標

O のまわりを正方向に一周した角は度数法では $360°$ であるが，半径 1 の円周 C 上の点を対応させて，弧の長さで角を測るのが弧度法であり，1 周すれば 2π である．微分積分学では通常，弧度法を用いる．

直交座標系 O–xy において，O を極，x 軸の正の部分を基線とする極座標を考える．C 上の点 P の直交座標を (x, y)，極座標を $(1, \theta)$ とするとき

$$x = \cos\theta, \qquad y = \sin\theta$$

と表す．三角関数 $\cos\theta$, $\sin\theta$ の性質は改めて第 5 章で述べる．一般の点 P の直交座標 (x, y) と極座標 (r, θ) の間には

$$x = r\cos\theta, \qquad y = r\sin\theta$$

という関係がある．

1.2 極限値

数列の極限値

有限個の自然数 $1, 2, \cdots, n$ あるいは自然数全体 $1, 2, \cdots, n, \cdots$ によって番号づけられた数の集合を**数列**という．有限個で終わるものを**有限数列**，そうでないものを**無限数列**という．ここで取り上げたいのは無限数列とその極限である．数列 $a_1, a_2, \cdots$ を $\{a_n\}$ とも書く．数列 $\{a_n\}$ は n が大きくなれば数 a に限りなく近づくとき，この数列は**極限値** a に**収束**するといい，

$$\lim_{n \to \infty} a_n = a$$

または

$$a_n \to a \quad (n \to \infty)$$

と表す．

収束しない数列は**発散**するという．発散する数列の中でも，n が大きくなればどんな値より大きくなる場合は正の無限大に発散するといい，(負の) どんな数より小さくなる場合は負の無限大に発散するといい，それぞれ

$$\lim_{n \to \infty} a_n = \infty \quad \text{および} \quad \lim_{n \to \infty} a_n = -\infty$$

と書く．

例 1.4 自然数列 $1, 2, 3, \cdots, n, \cdots$ が正の無限大に発散することは実はそれほど自明なことではない．「どんな正の数をとってもそれより大きい自然数がある」ということは実数の連続性と関係していて**アルキメデスの原理**とよばれている．これがあることにより数列の $n \to \infty$ のときの極限という概念が考えられる．またどんなに小さい正の数 a も，それを何個も足していけば

$$na \to \infty \quad (n \to \infty)$$

となる．さらにどんな小さい正の数 ε に対しても，アルキメデスの原理から $N > \dfrac{1}{\varepsilon}$ となる N をとることができ，$n \geqq N$ ならば $0 < \dfrac{1}{n} < \varepsilon$ となって

$$\lim_{n \to \infty} \frac{1}{n} = 0$$

がいえる． □

例題 1.2 次の数列の極限値を求めよ．

(1) $\dfrac{2}{1}, \dfrac{3}{2}, \dfrac{4}{3}, \cdots, \dfrac{n+1}{n}, \cdots$　　(2) $\dfrac{1}{2}, \dfrac{1}{4}, \dfrac{1}{8}, \cdots, \dfrac{1}{2^n}, \cdots$

解 (1)
$$\lim_{n\to\infty} \frac{n+1}{n} = \lim_{n\to\infty}\left(1+\frac{1}{n}\right) = 1.$$

(2) $2^n > n \, (n \geqq 1)$ であるから
$$0 < \frac{1}{2^n} < \frac{1}{n}$$
となり例 1.4 より $\dfrac{1}{n} \to 0$ であるから
$$\lim_{n\to\infty} \frac{1}{2^n} = 0.$$

□

収束する数列について次の定理が成り立つ．

定理 1.1 数列 $\{a_n\}$ と $\{b_n\}$ が収束しているとする：
$$\lim_{n\to\infty} a_n = a, \quad \lim_{n\to\infty} b_n = b.$$
このとき
 (1) $\displaystyle\lim_{n\to\infty}(a_n \pm b_n) = a \pm b$ （複号同順）．
 (2) $\displaystyle\lim_{n\to\infty} ka_n = ka$ （k は定数）．
 (3) $\displaystyle\lim_{n\to\infty} a_n b_n = ab.$
 (4) $b \neq 0$ ならば
$$\lim_{n\to\infty} \frac{a_n}{b_n} = \frac{a}{b}.$$
 (5) すべての n について $a_n \leqq b_n$ ならば $a \leqq b$．

次の系ははさみうちの原理といわれる．

系 数列 $\{a_n\}, \{b_n\}, \{c_n\}$ の間に $a_n \leqq b_n \leqq c_n \, (n = 1, 2, \cdots)$ となる関係があり

$$\lim_{n\to\infty} a_n = \lim_{n\to\infty} c_n = a$$

となるならば，数列 $\{b_n\}$ も a に収束する．

例題 1.3 任意の正数 a に対して
$$\lim_{n\to\infty} \frac{a^n}{n!} = 0$$
を証明せよ．

解 $N \geqq 2a$ となる整数 N をとる．$n > N$ ならば
$$0 < \frac{a^n}{n!} = \frac{a^N}{N!} \frac{a}{N+1} \frac{a}{N+2} \cdots \frac{a}{n} < \frac{a^N}{N!} \left(\frac{1}{2}\right)^{n-N}.$$
ここで $n \to \infty$ とすれば最後の項は 0 に収束する．よって，はさみうちの原理によって $\dfrac{a^n}{n!} \to 0$. □

数列 $\{a_n\}$ が収束するとき，極限値を a とすれば
$$\lim_{n,m\to\infty} (a_n - a_m) = a - a = 0$$
となるのは当然であるが，実はこの逆も成立することを主張するのが次の定理である．

定理 1.2（コーシーの収束判定定理） 数列 $\{a_n\}$ が収束するためには
$$\lim_{n,m\to\infty} (a_n - a_m) = 0$$
となることが必要十分である．

数列 $\{a_n\}$ に対して，記号 $+$ で結んだ
$$a_1 + a_2 + \cdots + a_n + \cdots$$
を**級数**といい，一つ一つの a_n を**項**という．級数は
$$\sum_{n=1}^{\infty} a_n$$

とも書く．また $s_n = a_1 + a_2 + \cdots + a_n$ を第 n **部分和**という．部分和から作られる数列

$$s_1, s_2, \cdots, s_n, \cdots$$

が s に収束するとき，級数は**和** s に**収束**するといい，

$$s = \sum_{n=1}^{\infty} a_n = a_1 + a_2 + \cdots + a_n + \cdots$$

と書く．定理 1.2 より直ちに次の定理を得る．

定理 1.3（コーシーの収束判定定理） 級数 $\sum_{n=1}^{\infty} a_n$ が収束するためには

$$a_{n+1} + a_{n+2} + \cdots + a_m \to 0 \quad (n < m \text{ かつ } m, n \to \infty)$$

となることが必要十分である．

これより級数収束のための，あるいは発散のための次のような簡単な判定法が得られる．

系 級数 $\sum_{n=1}^{\infty} a_n$ が収束するためには

$$\lim_{n \to \infty} a_n = 0$$

でなければならない．

関数の極限値

$f(x)$ が $x = a$ の近くで定義されているとする．x が a 以外の値をとりながら a に限りなく近づくとき，どのような近づき方をしても，$f(x)$ が一定値 α に限りなく近づくならば，$f(x)$ は x が a に近づくとき α に**収束**するといい，α をそのときの**極限値**という．そして

$$f(x) \to \alpha \quad (x \to a)$$

または

$$\lim_{x \to a} f(x) = \alpha$$

と表す．極限値について次の定理が成り立つ．

定理 1.4 関数 $f(x)$ と $g(x)$ が共に $x = a$ の近くで定義されており

$$\lim_{x \to a} f(x) = \alpha, \quad \lim_{x \to a} g(x) = \beta$$

であるとする．このとき

(1) $\lim_{x \to a} \{f(x) \pm g(x)\} = \alpha \pm \beta$ （複号同順）．

(2) $\lim_{x \to a} cf(x) = c\alpha$ （c は定数）．

(3) $\lim_{x \to a} f(x)g(x) = \alpha\beta$．

(4) $\beta \neq 0$ ならば

$$\lim_{x \to a} \frac{f(x)}{g(x)} = \frac{\alpha}{\beta}.$$

(5) $x = a$ の近くでつねに $f(x) \leqq g(x)$ ならば $\alpha \leqq \beta$．

関数の極限値についてもコーシーの収束判定定理が成り立つ．

定理 1.5（コーシーの収束判定定理） 関数 $f(x)$ が $x \to a$ のとき収束するためには

$$\lim_{x, x' \to a} (f(x) - f(x')) = 0$$

となることが必要十分である．

例題 1.4 次の極限値を求めよ．

(1) $\lim_{x \to 2}(x^2 + 1)$ (2) $\lim_{x \to 1} \dfrac{x^2 - 1}{x - 1}$

解 (1) $\lim_{x \to 2}(x^2 + 1) = 2^2 + 1 = 5$．

(2) $\lim_{x \to 1} \dfrac{x^2 - 1}{x - 1} = \lim_{x \to 1} \dfrac{(x-1)(x+1)}{x - 1} = \lim_{x \to 1}(x + 1) = 2$． □

変数 x が a より小さい値をとりながら a に限りなく近づくとき $f(x)$ が一定値

α に限りなく近づくならば，α を**左側極限値**といって

$$\lim_{x \to a-0} f(x) = f(a-0) = \alpha$$

と表す．同じく a より大きい値をとりながら a に近づくときの極限値を

$$\lim_{x \to a+0} f(x) = f(a+0)$$

と表し，**右側極限値**という．$a = 0$ の場合は $0-0, 0+0$ をそれぞれ $-0, +0$ と書く．

例 1.5 関数

$$f(x) = \begin{cases} 0 & (x < 0) \\ 1 & (x \geqq 0) \end{cases}$$

とする．

$$\lim_{x \to -0} f(x) = 0, \quad \lim_{x \to +0} f(x) = 1$$

である．しかし，$x \to 0$ のときの極限値は存在しない． □

一般に次の定理が成り立つ．

定理 1.6 $x \to a$ のとき $f(x)$ の極限値が α であるための必要十分条件は，右側極限値と左側極限値が共に存在して α に等しくなることである．

---

x が a に限りなく近づくとき，$f(x)$ が極限値を持たないときでも，$f(x)$ の値がいくらでも大きくなるならば，$f(x)$ は正の**無限大**に発散するという．

$$\lim_{x \to a} f(x) = \infty \quad \text{あるいは} \quad f(x) \to \infty \ (x \to a)$$

と表す．$x \to a$ のとき $f(x)$ がいくらでも小さくなる，すなわち $f(x)$ の値が負でその絶対値が限りなく大きくなるとき，$f(x)$ は負の無限大に発散するといって

$$\lim_{x \to a} f(x) = -\infty \quad \text{あるいは} \quad f(x) \to -\infty \ (x \to a)$$

と表す．

無限大に発散する片側極限も同様に定義され，

$$\lim_{x \to a+0} f(x) = \infty \quad \left(\lim_{x \to a+0} f(x) = -\infty \right)$$

$$\lim_{x \to a-0} f(x) = \infty \quad \left(\lim_{x \to a-0} f(x) = -\infty \right)$$

と表す.

　x がいくらでも大きくなるとき $f(x)$ が一定値 α に限りなく近づくとき, x が正の無限大になるとき $f(x)$ は α に収束するといって

$$\lim_{x \to \infty} f(x) = \alpha \quad \text{あるいは} \quad f(x) \to \alpha \ (x \to \infty)$$

と表す. また x が負の無限大になるときの極限値, あるいは正 (負) の無限大への発散も同様に定義され,

$$\lim_{x \to -\infty} f(x) = \alpha \quad \text{あるいは} \quad f(x) \to \alpha \ (x \to -\infty),$$
$$\lim_{x \to \pm\infty} f(x) = \infty \quad \text{あるいは} \quad f(x) \to \infty \ (x \to \pm\infty),$$
$$\lim_{x \to \pm\infty} f(x) = -\infty \quad \text{あるいは} \quad f(x) \to -\infty \ (x \to \pm\infty)$$

などの記法が使用される. $x \to \infty \ (x \to -\infty)$ のとき収束する関数についても定理 1.1 と同様な定理が成り立つ.

例題 1.5 次の極限値を求めよ.

(1) $\displaystyle \lim_{x \to \infty} (x^3 - 2x^2 - 3x - 4)$ 　　(2) $\displaystyle \lim_{x \to 2 \pm 0} \frac{x^2 - 4}{|x - 2|}$

(3) $\displaystyle \lim_{x \to \infty} \frac{x^2 + x + 1}{x^2 + 1}$ 　　(4) $\displaystyle \lim_{x \to \infty} (\sqrt{x^2 + x + 1} - x)$

解 (1) $\displaystyle \lim_{x \to \infty} (x^3 - 2x^2 - 3x - 4) = \lim_{x \to \infty} x^3 \left(1 - \frac{2}{x} - \frac{3}{x^2} - \frac{4}{x^3} \right) = \infty.$

(2) $\displaystyle \lim_{x \to 2+0} \frac{x^2 - 4}{|x - 2|} = \lim_{x \to 2+0} \frac{x^2 - 4}{x - 2} = \lim_{x \to 2+0} (x + 2) = 4.$

$\displaystyle \lim_{x \to 2-0} \frac{x^2 - 4}{|x - 2|} = \lim_{x \to 2-0} -\frac{x^2 - 4}{x - 2} = \lim_{x \to 2-0} -(x + 2) = -4.$

(3) $\displaystyle \lim_{x \to \infty} \frac{x^2 + x + 1}{x^2 + 1} = \lim_{x \to \infty} \frac{1 + \dfrac{1}{x} + \dfrac{1}{x^2}}{1 + \dfrac{1}{x^2}} = 1.$

(4) $x > 0$ のとき

$$\sqrt{x^2 + x + 1} - x = \frac{(\sqrt{x^2 + x + 1} - x)(\sqrt{x^2 + x + 1} + x)}{\sqrt{x^2 + x + 1} + x}$$

$$= \frac{x+1}{\sqrt{x^2+x+1}+x} = \frac{1+\dfrac{1}{x}}{\sqrt{1+\dfrac{1}{x}+\dfrac{1}{x^2}}+1}$$

であるから

$$\lim_{x\to\infty}(\sqrt{x^2+x+1}-x) = \frac{1}{2}.$$ □

関数 $f(x)$ が $x=a$ で定義されていて，

$$\lim_{x\to a} f(x) = f(a)$$

が成り立つとき，$f(x)$ は $x=a$ で**連続**であるという．$f(x)$ が区間 I で定義されていて，I のどの点でも連続なとき，I で**連続**であるという．

例 1.6

$$f(x) = \begin{cases} \dfrac{x^2+|x|}{x} & (x \neq 0) \\ 0 & (x = 0) \end{cases}$$

とすれば $x<0$ のとき $f(x)=x-1$, $x=0$ のとき 0, $x>0$ のとき $f(x)=x+1$ であり，$f(-0)=-1,\ f(+0)=1$ となるから $x \neq 0$ で連続，$x=0$ で不連続である．□

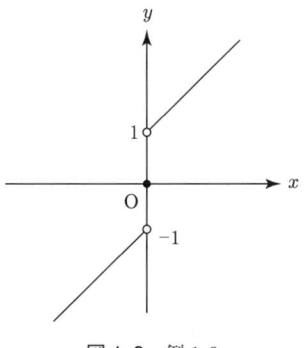

図 1.9　例 1.6

連続関数の性質を一つ述べておこう．

定理 1.7 関数 $f(x)$ が $x = c$ で連続で $f(c) \neq 0$ のとき，ある $h > 0$ に対し $c - h < x < c + h$ ならば $f(x)$ は $f(c)$ と同じ符号をとる．

証明 $f(c) > 0$ とする．もし c のどんな近くにも $f(x) \leq 0$ となる x があるとすれば，そのような点列 x_n で c に収束するものがとれる．すると連続性と定理 1.1(5) より
$$f(c) = \lim_{n \to \infty} f(x_n) \leq 0$$
となって $f(c) > 0$ に矛盾する． ∎

演習問題 1

1. 一般項が次で与えられる数列の極限値を求めよ．

(1) $n^2 - 10n$ (2) $\dfrac{n^2 + 3n + 2}{2n^2 - 3}$

(3) $\dfrac{\sqrt{2n^2 + n + 1}}{n + 1}$ (4) $\sqrt{n^2 + 2n - 1} - n$

2. 数列 $\{\sqrt[n]{n}\}$ の極限値を求めよ．

3. 級数
$$1 + \frac{1}{2} + \frac{1}{3} + \cdots + \frac{1}{n} + \cdots$$
は発散することを証明せよ．

4. 次の極限値を求めよ．

(1) $\displaystyle\lim_{x \to 2} \dfrac{2x + 3}{x^2 + 3x - 3}$ (2) $\displaystyle\lim_{x \to 1} \dfrac{x^2 - 3x + 2}{x - 1}$

(3) $\displaystyle\lim_{x \to 2+0} \dfrac{\sqrt{x - 2} + 1}{\sqrt{x}}$ (4) $\displaystyle\lim_{x \to 0} \dfrac{\sqrt{x + 1} - 1}{x}$

(5) $\displaystyle\lim_{x \to -\infty} \dfrac{x^3 + x^2 + 2x + 1}{(x^2 + 1)\sqrt{x^2 - 1}}$ (6) $\displaystyle\lim_{x \to \infty} (\sqrt{x + 1} - \sqrt{x})$

5. 次の関数の定義域と連続になる区間を答えよ．

(1) $f(x) = \dfrac{x}{|x|}$ (2) $f(x) = n \quad (n \leq x < n + 1,\ n = 0,\ \pm 1,\ \pm 2,\ \cdots)$

第2章　導関数

本章のキーワード

平均変化率，微分可能，微分係数，導関数，微分する，微分，無限小

2.1　微分係数・導関数

平均変化率

関数 $y = f(x)$ の区間 $[a, b]$ における変化は

$$f(b) - f(a)$$

である．変化の度合いは

$$\frac{f(b) - f(a)}{b - a}$$

で $f(x)$ の区間 $[a, b]$ における，または x が a から b まで変わるときの**平均変化率**という．

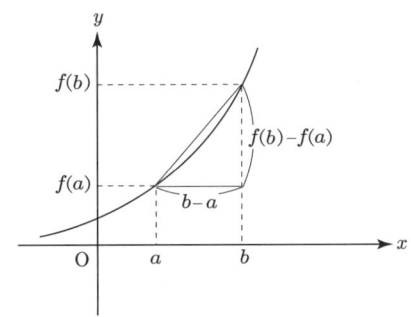

図 2.1　平均変化率

時刻 x における自動車の位置を $f(x)$ とすれば，$f(b) - f(a)$ は時間が $x = a$ か

ら $x = b$ まで経過する間に自動車の進んだ距離を表し,平均変化率はその間の平均速度を表す.

例題 2.1 $f(x) = x^2$ の次の区間における変化と平均変化率をそれぞれ求めよ.
(1) $[-2, 1]$ (2) $[-1, 1]$ (3) $[0, 1]$ (4) $[1, 2]$ (5) $[1, 3]$

解 (1) 変化 $f(1) - f(-2) = -3$. 平均変化率 $-3/3 = -1$.
(2) 変化 $f(1) - f(-1) = 0$. 平均変化率 $0/2 = 0$.
(3) 変化 $f(1) - f(0) = 1$. 平均変化率 $1/1 = 1$.
(4) 変化 $f(2) - f(1) = 3$. 平均変化率 $3/1 = 3$.
(5) 変化 $f(3) - f(1) = 8$. 平均変化率 $8/2 = 4$. □

曲線 $y = f(x)$ 上の 2 点 $(a, f(a))$, $(b, f(b))$ を通る直線の式は
$$y - f(a) = \frac{f(b) - f(a)}{b - a}(x - a)$$
であるから,平均変化率はこの直線の傾きである.

$b = a + h$ と表せば,$h \neq 0$ のとき a と $a + h$ の間の平均変化率は
$$\frac{f(a+h) - f(a)}{h} \tag{2.1}$$
である.$h < 0$ のときの区間 $[a+h, a]$ における平均変化率も同じ式 (2.1) で表される.

例えば,$f(x) = x^2$ ならば
$$\frac{f(a+h) - f(a)}{h} = \frac{(a+h)^2 - a^2}{h} = \frac{2ah + h^2}{h} = 2a + h \tag{2.2}$$
である.ここで h が限りなく 0 に近くなれば,平均変化率は限りなく $2a$ に近づく.すなわち
$$\lim_{h \to 0} \frac{f(a+h) - f(a)}{h} = \lim_{h \to 0} (2a + h) = 2a$$
である.

例 2.1 $f(x) = x^2$, $a = 1$ として $h = 1, 0.1, 0.01, 0.001, \cdots$ と小さくすれば,平均変化率は
$$3, 2.1, 2.01, 2.001, \cdots$$
となって 2 に近づいてゆく. □

一般に平均変化率 (2.1) の h が限りなく 0 に近づくとき，(2.1) の値がある一定の値に限りなく近づくならば，$f(x)$ は $x=a$ で**微分可能**であるといい，その一定の値を $f(x)$ の $x=a$ における**瞬間変化率**または**微分係数**といって $f'(a)$ で表す：

$$f'(a) = \lim_{h \to 0} \frac{f(a+h) - f(a)}{h}.$$

例題 2.2 次の関数 $f(x)$ に対して $x=a$ における微分係数 $f'(a)$ を求めよ．
 (1) $f(x) = c$ (c は定数)
 (2) $f(x) = x$
 (3) $f(x) = x^3$
 (4) $f(x) = x^2 + 3$
 (5) $f(x) = 2x^2 - 3x + 1$

解 (1) $f(a+h) - f(a) = c - c = 0$ より

$$\frac{f(a+h) - f(a)}{h} = \frac{0}{h} = 0$$

となる．これは h に関係なく常に 0 である．したがって極限値は 0 で

$$f'(a) = 0.$$

(2) $\dfrac{f(a+h) - f(a)}{h} = \dfrac{(a+h) - a}{h} = \dfrac{h}{h} = 1$

となり，

$$f'(a) = 1.$$

(3) $\dfrac{f(a+h) - f(a)}{h} = \dfrac{(a+h)^3 - a^3}{h} = \dfrac{3a^2 h + 3ah^2 + h^3}{h}$

$$= 3a^2 + 3ah + h^2$$

であるから，h が限りなく 0 に近づけば $3ah + h^2$ は 0 に近づき

$$f'(a) = 3a^2.$$

(4) $\dfrac{f(a+h) - f(a)}{h} = \dfrac{\{(a+h)^2 + 3\} - \{a^2 + 3\}}{h} = \dfrac{(a+h)^2 - a^2}{h}$

であるから (2.2) によって

$$f'(a) = 2a$$

である．

(5) $\dfrac{f(a+h)-f(a)}{h} = \dfrac{\{2(a+h)^2 - 3(a+h) + 1\} - \{2a^2 - 3a + 1\}}{h}$

$= 4a + 2h - 3$

となって

$$f'(a) = 4a - 3. \qquad \square$$

極限値

$$\lim_{h \to 0} \dfrac{f(a+h)-f(a)}{h}$$

は常に存在するとは限らない．この極限値が存在するとすれば，分母 h が 0 に収束するとき，有限な極限値があるためには，分子についても $f(a+h) - f(a) \to 0$ とならなければならない．すなわち $h \to 0$ のとき $f(a+h) \to f(a)$ でなければならない．これは関数 $f(x)$ が $x = a$ で連続であることを示している．したがって次の定理が得られた．

定理 2.1 関数 $y = f(x)$ が $x = a$ で微分可能ならば，$x = a$ で連続である．

導関数

関数 $y = f(x)$ がある区間 I の各点で微分可能であるとき，$f(x)$ は**区間 I で微分可能**という．$f(x)$ が I において微分可能であるとき，I の各 x に，x における微分係数 $f'(x)$ を対応させることによって一つの関数が定義される．この関数を $f(x)$ の**導関数**といい，やはり $f'(x)$ で，あるいは y', $\dfrac{dy}{dx}$ で表す．すなわち

$$y' = \dfrac{dy}{dx} = f'(x) = \lim_{h \to 0} \dfrac{f(x+h)-f(x)}{h} \tag{2.3}$$

である．関数 $f(x)$ からその導関数 $f'(x)$ を求めることを，$f(x)$ を**微分する**という．

例えば $f(x) = x^2$ の導関数は

$$f'(x) = 2x$$

である．一般の x^n については次の例のようになる．

例題 2.3 n が正整数ならば
$$(x^n)' = nx^{n-1}. \tag{2.4}$$

解 $f(x) = x^n$ とおく．
$$a^n - b^n = (a-b)(a^{n-1} + a^{n-2}b + a^{n-3}b^2 + \cdots + ab^{n-2} + b^{n-1})$$
であるから
$$\frac{(x+h)^n - x^n}{h} = (x+h)^{n-1} + (x+h)^{n-2}x + \cdots + (x+h)x^{n-2} + x^{n-1}.$$
ここで $h \to 0$ とすれば右辺は n 個の項すべてが x^{n-1} に収束する．ゆえに (2.4) が成り立つ． □

平均変化率 (2.1) の h は変数 x の変化であるので，h を x の**増分**といい Δx と表す．それに応じた $y = f(x)$ の変化を y の**増分**といい Δy と表す．
$$\Delta y = f(x + \Delta x) - f(x)$$
である．この記号を用いれば
$$y' = \frac{dy}{dx} = \lim_{\Delta x \to 0} \frac{\Delta y}{\Delta x}$$
となる．

導関数の計算に必要な公式を定理としてまとめておく．

定理 2.2 微分可能な関数 $f(x), g(x)$ に対して次の性質が成り立つ．

(1) $\{f(x) \pm g(x)\}' = f'(x) \pm g'(x)$ (複号同順)．

(2) $\{cf(x)\}' = cf'(x)$ (c は定数)．

(3) $\{f(x)g(x)\}' = f'(x)g(x) + f(x)g'(x)$．

(4) $g(x) \neq 0$ ならば
$$\left\{\frac{f(x)}{g(x)}\right\}' = \frac{f'(x)g(x) - f(x)g'(x)}{\{g(x)\}^2}.$$
特に分子が 1 のときは
$$\left\{\frac{1}{g(x)}\right\}' = -\frac{g'(x)}{\{g(x)\}^2}.$$

証明 (1) 等式

$$\frac{\{f(x+\Delta x)+g(x+\Delta x)\}-\{f(x)+g(x)\}}{\Delta x}$$

$$=\frac{f(x+\Delta x)-f(x)}{\Delta x}+\frac{g(x+\Delta x)-g(x)}{\Delta x}$$

において $\Delta x \to 0$ とすれば，右辺は $f'(x)+g'(x)$ に収束するから，$f(x)+g(x)$ は微分可能で，$\{f(x)+g(x)\}' = f'(x)+g'(x)$ である．符号が $-$ のときも同様．

(2) $\dfrac{cf(x+\Delta x)-cf(x)}{\Delta x} = c \cdot \dfrac{f(x+\Delta x)-f(x)}{\Delta x}.$

ここで $\Delta x \to 0$ とすれば，右辺は $cf'(x)$ に収束するから，$cf(x)$ は微分可能で，$\{cf(x)\}' = cf'(x)$ である．

(3) $\dfrac{f(x+\Delta x)g(x+\Delta x)-f(x)g(x)}{\Delta x}$

$$=\frac{f(x+\Delta x)-f(x)}{\Delta x}g(x+\Delta x)+f(x)\frac{g(x+\Delta x)-g(x)}{\Delta x}$$

において $\Delta x \to 0$ とする．$g(x)$ の連続性により $g(x+\Delta x) \to g(x)$ となり，右辺は $f'(x)g(x)+f(x)g'(x)$ に収束する．

(4) $\dfrac{\dfrac{f(x+\Delta x)}{g(x+\Delta x)}-\dfrac{f(x)}{g(x)}}{\Delta x}$

$$=\frac{\dfrac{f(x+\Delta x)-f(x)}{\Delta x}g(x)-f(x)\dfrac{g(x+\Delta x)-g(x)}{\Delta x}}{g(x+\Delta x)g(x)}$$

において $\Delta x \to 0$ とする．$g(x) \neq 0$ であることと，$g(x)$ の連続性により，右辺は $\dfrac{f'(x)g(x)-f(x)g'(x)}{\{g(x)\}^2}$ に収束するから，$\dfrac{f(x)}{g(x)}$ は微分可能で，(4) が成り立つ． ∎

積と商の導関数の式 (3) と (4) はまったく別の式に見えるが，(3) を $f(x)g(x)$ で，(4) を $f(x)/g(x)$ で割ってみればそれぞれ

$$\frac{(fg)'}{fg} = \frac{f'}{f} + \frac{g'}{g}$$

と

$$\frac{(f/g)'}{f/g} = \frac{f'}{f} - \frac{g'}{g}$$

となって類似性が見えてくる．

例 2.2 定理 2.2 と例題 2.3 より，任意の多項式 $f(x) = a_n x^n + a_{n-1} x^{n-1} + \cdots + a_0$ の導関数は

$$f'(x) = n a_n x^{n-1} + (n-1) a_{n-1} x^{n-2} + \cdots + 2 a_2 x + a_1.$$

例 2.3 $y = x^n$ （n：整数）

n が負でない場合は (2.4) より $y' = n x^{n-1}$ である．$n = 0$ のときも $x \neq 0$ で成り立つ．$n < 0$ として $m = -n$ とおけば m は正整数．$x \neq 0$ のとき定理 2.2 (4) より

$$y' = (x^n)' = \left(\frac{1}{x^m}\right)' = -\frac{(x^m)'}{x^{2m}} = -\frac{m x^{m-1}}{x^{2m}} = -m x^{-m-1} = n x^{n-1}. \quad \square$$

したがって次の公式が得られた．

---

n が整数のとき
$$(x^n)' = n x^{n-1}.$$

例 2.4 定理 2.2 の (3) が $f(x) = g(x)$ の場合には

$$\{f(x)^2\}' = 2 f(x) f'(x)$$

となる．したがって

$$\{f(x)^3\}' = \{f(x)^2 \cdot f(x)\}' = \{f(x)^2\}' f(x) + f(x)^2 f'(x) = 3 f(x)^2 f'(x).$$

一般の自然数 n に対して

$$\{f(x)^n\}' = n f(x)^{n-1} f'(x) \tag{2.5}$$

が成り立つ．これを数学的帰納法で証明しよう．

$n = 1$ のときは

$$f'(x) = f'(x)$$

として正しい．

$n = k$ のとき正しいと仮定すれば $\{f(x)^k\}' = k f(x)^{k-1} f'(x)$ である．すると

$$\{f(x)^{k+1}\}' = \{f(x)^k \cdot f(x)\}' = k f(x)^{k-1} f'(x) \cdot f(x) + f(x)^k f'(x)$$

$$= (k+1)f(x)^k f'(x)$$

となる．これは $n = k+1$ のとき正しいことを示している．

したがって，すべての自然数 n に対して (2.5) が成り立つ． □

この例は次章で説明する合成関数の導関数の特別な場合である．

例 2.4 の中の**数学的帰納法**というのは自然数についての命題を証明する重要な方法である．自然数 n についての命題 $P(n)$ (例えば等式 (2.5)) があるとき，

(1)　$P(1)$ が正しい．

(2)　$P(k)$ が正しければ $P(k+1)$ も正しい．

の二つのことが証明できれば，すべての自然数 n に対して $P(n)$ が正しいことを主張するものである．

2.2　接線

曲線 $y = f(x)$ 上の点 $P = (a, f(a))$, $Q = (a+h, f(a+h))$ において，h を限りなく 0 に近づければ，点 Q は点 P に限りなく近づき，直線 PQ は P での接線に限りなく近づく．したがって，微分係数は幾何学的には，接線の傾きを表している．曲線 $y = f(x)$ の点 $(a, f(a))$ での接線の方程式は

$$y - f(a) = f'(a)(x - a)$$

である．

例題 2.4　次の関数で表される曲線上の，与えられた x 座標を持つ点における接線の方程式を求めよ．

(1)　$y = x^2 - x$　$(x = 1)$　　(2)　$y = \dfrac{x+1}{x}$　$\left(x = \dfrac{1}{2}\right)$

解　(1)　$x = 1$ のとき $y = 0$ である．$y' = 2x - 1$ であるから接線の傾きは 1．したがって求める方程式は

$$y = x - 1.$$

(2)　$x = \dfrac{1}{2}$ のとき $y = 3$．$y = 1 + \dfrac{1}{x}$ であるから $y' = -\dfrac{1}{x^2}$．よって接線の

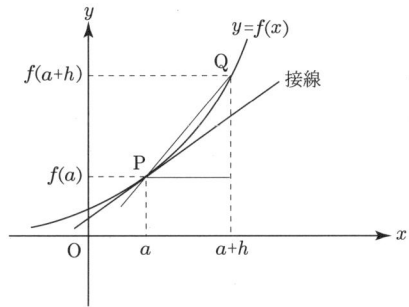

図 2.2 接線

傾きは -4. したがって求める方程式は

$$y - 3 = -4\left(x - \frac{1}{2}\right)$$

より

$$y = -4x + 5.$$

□

2.3 微分

関数 $f(x)$ が x で微分可能なとき, x の増分 Δx に対する y の増分 $\Delta y = f(x + \Delta x) - f(x)$ の Δx による商の $\Delta x \to 0$ の極限が $f(x)$ の x における微分係数 $f'(x)$ であった:

$$\lim_{\Delta x \to 0} \frac{\Delta y}{\Delta x} = f'(x).$$

この式を $\dfrac{\Delta y}{\Delta x}$ と $f'(x)$ との差 ε を用いて表せば

$$\frac{\Delta y}{\Delta x} = f'(x) + \varepsilon, \quad \lim_{\Delta x \to 0} \varepsilon = 0 \tag{2.6}$$

となる. この (2.6) 式は

$$\Delta y = f'(x)\Delta x + \varepsilon \Delta x, \quad \lim_{\Delta x \to 0} \varepsilon = 0$$

と書くことができる.

ここに現れる $\varepsilon \Delta x$ は, $\Delta x \to 0$ のとき 0 に収束するが, Δx に比べればより速く 0 に収束する. 一般に変数 t が 0 に収束するとき 0 に収束する関数 $\eta(t)$ を**無限小**といい, $\dfrac{\eta}{t}$ も 0 に収束する無限小 η を t より**高位の無限小**といい, 記号で

$$\eta = o(t) \quad (t \to 0)$$

と表す．$o(t)$ は関数を表すのではなく「t が 0 に収束するとき t より速く 0 に収束する」という性質を表している．記号 o は**ランダウの記号**といわれスモール・オーと読む．例えば $x^3 = o(x)$ であるが $x^3 - x \neq o(x)$ である．この記法によれば $\varepsilon \Delta x = o(\Delta x)$ であり，

$$\Delta y = f'(x)\Delta x + o(\Delta x) \quad (\Delta x \to 0). \tag{2.7}$$

逆に Δx に関係しない数 A によって

$$\Delta y = A\Delta x + o(\Delta x) \quad (\Delta x \to 0)$$

が成り立てば

$$\frac{\Delta y}{\Delta x} = A + \frac{o(\Delta x)}{\Delta x} \to A \quad (\Delta x) \to 0$$

となるから，$f(x)$ は x において微分可能であって $f'(x) = A$ となる．

(2.7) の等式の右辺において Δx の高位の無限小を無視した $f'(x)\Delta x$ を y の**微分**といって，dy または df と書く．

$$dy = f'(x)\Delta x$$

である．

変数 x 自身も $y = x$ となる x の関数であるから，その微分は $y' = 1$ であるから

$$dx = \Delta x$$

となる．そうすると y の微分は

$$dy = f'(x)dx \tag{2.8}$$

となる．これは微分係数の記号

$$\frac{dy}{dx} = f'(x)$$

が微分式 (2.8) から代数的に割り算をして得られるものとして合理化される．このような意味で微分係数を**微分商**とよぶこともある．

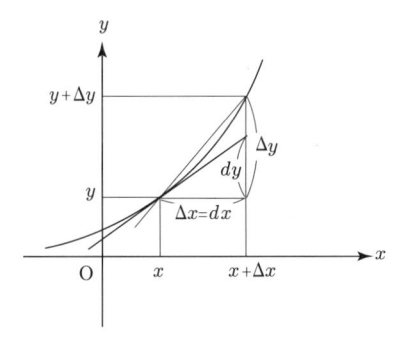

図 2.3 増分と微分

誤差

関数値 $y = f(x)$ として x から Δx だけずれた $x + \Delta x$ での値 $f(x + \Delta x)$ を採用すれば，誤差は

$$\Delta y = f(x + \Delta x) - f(x) = dy + o(\Delta x)$$

である．商 $\dfrac{\Delta y}{y}$ は**相対誤差**とよばれる．Δx が非常に小さいとき $o(\Delta x)$ はもっと小さい．したがって相対誤差は $\dfrac{dy}{y}$ で近似できる：

$$\frac{\Delta y}{y} \fallingdotseq \frac{dy}{y}.$$

微分可能な関数 $u = f(x),\ v = g(x)$ に対して

$$d(uv) = \{f(x)g(x)\}' dx = f'(x)g(x)dx + f(x)g'(x)dx = vdu + udv,$$

$$d\left(\frac{u}{v}\right) = \left\{\frac{f(x)}{g(x)}\right\}' dx = \frac{vdu - udv}{v^2}$$

が得られる．これより

$$\frac{d(uv)}{uv} = \frac{du}{u} + \frac{dv}{v}, \quad \frac{d\left(\dfrac{u}{v}\right)}{\dfrac{u}{v}} = \frac{du}{u} - \frac{dv}{v}$$

となる．

演習問題 2

1. 次の関数を導関数の定義 (2.3) にしたがって微分せよ．

(1) $\dfrac{1}{x}$ 　　　　　(2) $\sqrt{x}$

2. 次の関数を微分せよ．

(1) $2 - 3x + x^3$ 　　　　　(2) $(x+1)(x^2+2)$

(3) $(3x^2+1)^{10}$ 　　　　　(4) $(2x+1)^3(x+3)^5$

(5) $\dfrac{2x+3}{x+2}$ 　　　　　(6) $\dfrac{x^4}{(x+1)^2(x^2+1)}$

3. 次の曲線上の指定された x 座標をもつ点における接線の方程式を求めよ．

(1) $y = x^2 + \dfrac{1}{x}$ 　$(x=1)$

(2) $y = x^3 - 3x^2 + x - 2$ 　$(x=1)$

4. 曲線 $y = x^3 - 2x^2 - x + 2$ の接線で直線 $y = -2x$ に平行なものを求めよ．

第3章　不定積分と導関数の計算

本章のキーワード

原始関数，不定積分，合成関数の微分，置換積分，
単調関数，逆関数，部分積分

3.1　原始関数

関数 $y = F(x)$ の導関数が $F'(x) = f(x)$ であるとき，元の関数 $F(x)$ を $f(x)$ の**原始関数**または**不定積分**といい，

$$F(x) = \int f(x)dx$$

と表す．$(x^2)' = 2x$ であるから

$$x^2 = \int 2x\,dx$$

である．ところが例題 2.2(4) で見たように

$$x^2 + 3 = \int 2x\,dx$$

となる．これはどんな定数 C についても

$$\{f(x) + C\}' = f'(x)$$

が成り立つことにより，不定積分は定数和だけの違いは区別できない．後に見るように，ある区間で $F'(x) = 0$ が常に成り立てば，その区間で $F(x)$ は定数関数でなければならない．それゆえ，$F'(x) = G'(x)$ ならば，$\{G(x) - F(x)\}' = G'(x) - F'(x) = 0$ であるから，$G(x) - F(x)$ は定数でなければならない．

$$G(x) = F(x) + C \quad (C \text{ は定数})$$

となる．すなわち，

> **定理 3.1**　$F(x)$ が $f(x)$ の原始関数ならば，任意の定数 C に対して $F(x)+C$ も $f(x)$ の原始関数である．逆に $f(x)$ の原始関数はある定数 C によって $F(x)+C$ と表される．

したがって $f(x)$ の一つの原始関数を $F(x)$ とするとき，C を任意定数として
$$\int f(x)dx = F(x) + C$$
と表される．この C を**積分定数**という．記号 $\int f(x)dx$ は一つの関数ではなく $f(x)$ の原始関数全体を表す．積分定数だけの任意性があるので不定積分というのである．不定積分を求めることを，関数を**積分する**という．

いままで得られた微分の公式より，次の積分の公式が得られる．

例 3.1　次の公式は右辺を微分すれば直ちに得られる．右辺にはすべて積分定数がつくのであるが，この公式以降，不定積分の積分定数は必要がある場合を除いて省略することにする．

(1) $\displaystyle\int k\,dx = kx$　　　(k は定数)．

(2) $\displaystyle\int x^n dx = \frac{x^{n+1}}{n+1}$　　　(n : 整数, $\neq -1$)．　　　□

微分の性質
$$(F(x) \pm G(x))' = F'(x) \pm G'(x) \quad \text{および} \quad \{cF(x)\}' = cF'(x)$$
より次の定理が成り立つ．

> **定理 3.2**　(1) $\displaystyle\int \{f(x) \pm g(x)\}dx = \int f(x)dx \pm \int g(x)dx$
> 　　　　　　　　　　　　　　　　　　　　　　　　　(複号同順)．
> (2) $\displaystyle\int cf(x)dx = c\int f(x)dx$　　　(c : 定数)．

分子が 1 の分数の積分は次の右辺のように書くことが多い．

$$\int \frac{1}{f(x)}dx = \int \frac{dx}{f(x)}.$$

直線上を運動する物体を考える．時刻 x のときの物体の位置を $y = f(x)$ とするとき，微分係数 $f'(x)$ は時刻 x のときの**速度**である．逆方向に進めば速度は負である．

例題 3.1 直線上を速度 $v(x) = 2x$ で運動している物体が $x = 0$ のとき $y = 1$ にあるとする．$y = 10$ の地点に達する時刻を求めよ．

解 $y' = 2x$ より
$$y = \int 2x\,dx = x^2 + C$$
$x = 0$ とすれば $C = 1$．ゆえに
$$y = x^2 + 1.$$
$y = 10$ ならば $x = \pm 3$. □

この例題のように導関数を含む式から原始関数を求める問題は微分方程式を解くというもので，無数にある原始関数の中から条件「$x = 0$ のとき $y = 1$」を与えることによって一つの解を特定する．すなわち C を決める．したがって積分定数を省略せずにつけなければならない．この条件「$x = 0$ のとき $y = 1$」を**初期条件**という．

3.2 合成関数の微分

定理 3.3 関数 $y = f(x)$, $z = g(y)$ がそれぞれ微分可能であれば，合成関数 $z = g(f(x))$ は微分可能で
$$\frac{dz}{dx} = \frac{dz}{dy}\frac{dy}{dx}$$
が成り立つ．

証明 $\Delta y = f(x + \Delta x) - f(x)$, $\Delta z = g(y + \Delta y) - g(y)$
とすれば，定理 2.1 より，$\Delta x \to 0$ のとき $\Delta y \to 0$ である．したがって，

において $\Delta x \to 0$ とすれば,
$$\frac{dz}{dx} = \frac{dz}{dy}\frac{dy}{dx}.$$

実は $\Delta x = 0$ の近くで $\Delta y \neq 0$ のときはこの証明でよいが, 一般には附章にあるように証明する必要がある.

例題 3.2 次の関数を微分せよ.
(1) $(x^2+1)^4$ (2) $\dfrac{1}{(x^3+2x+2)^2}$

解 (1) $y = x^2+1, z = y^4$ とおけば
$$\frac{dy}{dx} = 2x, \quad \frac{dz}{dy} = 4y^3$$
であるから,
$$\frac{dz}{dx} = 2x \cdot 4y^3 = 8x(x^2+1)^3.$$

(2) $y = x^3+2x+2, z = 1/y^2 = y^{-2}$ とおけば,
$$\frac{dz}{dx} = (3x^2+2)\cdot(-2)y^{-3} = -\frac{2(3x^2+2)}{(x^3+2x+2)^3}. \qquad \square$$

3.3 置換積分

$F'(x) = f(x)$ であって $x = \varphi(t)$ が t について微分可能であるとする. 定理 3.3 によって
$$\frac{d}{dt}\{F(\varphi(t))\} = F'(\varphi(t))\varphi'(t) = f(\varphi(t))\varphi'(t)$$
であるから,
$$\int f(\varphi(t))\varphi'(t)dt = F(\varphi(t)) = F(x) = \int f(x)dx$$
である. よって次の定理が成り立つ.

定理 3.4 (置換積分法) $\varphi(t)$ が微分可能なとき, $x = \varphi(t)$ とおけば

$$\int f(x)dx = \int f(\varphi(t))\varphi'(t)dt$$

となる．

定理 3.4 は，$x = \varphi(t)$ と置き換えるときは，それに伴って

$$dx = \frac{dx}{dt}dt = \varphi'(t)dt$$

と置き換えるといっている．

$t = ax$ のときは $\dfrac{dx}{dt} = \dfrac{1}{a}$ であるから次の系を得る．

系 $\int f(x)dx = F(x)$ で，a が 0 でない定数ならば

$$\int f(ax)dx = \frac{1}{a}F(ax). \tag{3.1}$$

置換積分はむしろ次のような形で使われる．

$$\int f(\varphi(x))\varphi'(x)dx = \int f(u)du.$$

例題 3.3 次の関数の不定積分を求めよ．

(1) $x^3(x^4+1)^8$ (2) $\dfrac{x^2+1}{(2x^3+6x+1)^4}$

解 (1) $u = x^4 + 1$ とおく．$du = 4x^3 dx$ であるから

$$\int x^3(x^4+1)^8 dx = \int u^8 \frac{du}{4}$$

$$= \frac{1}{36}u^9 = \frac{1}{36}(x^4+1)^9.$$

(2) $2x^3 + 6x + 1 = u$ とおく．$du = 6(x^2+1)dx$ より

$$\int \frac{x^2+1}{(2x^3+6x+1)^4}\,dx = \frac{1}{6}\int \frac{du}{u^4} = -\frac{1}{18}\frac{1}{u^3}$$
$$= -\frac{1}{18}\frac{1}{(2x^3+6x+1)^3}.\qquad\square$$

3.4 逆関数とその微分

関数 $y=f(x)$ は区間 I の x_1, x_2 が $x_1<x_2$ をみたせば常に $f(x_1)\leqq f(x_2)$ となるとき，I で**単調増加**であるという．また，常に $f(x_1)\geqq f(x_2)$ となるとき，I で**単調減少**であるという．関数 $f(x)$ が**単調**であるというときは，単調増加あるいは単調減少のいずれかであることを意味する．グラフは単調増加なら右上がり，単調減少なら右下がりである．

単調関数の定義で，不等式 $f(x_1)\leqq f(x_2)$ ($f(x_1)\geqq f(x_2)$) が不等式 $f(x_1)<f(x_2)$ ($f(x_1)>f(x_2)$) で置き換わるとき，**狭義単調増加** (**狭義単調減少**) という．関数 $y=f(x)$ が区間 $I=[a,b]$ で狭義単調増加で連続であるとする．$f(a)=c$, $f(b)=d$ とすれば，$f(x)$ による I の像は区間 $J=[c,d]$ になる．これは中間値の定理 (附章定理 A.14) による．そして I と J の間の 1 対 1 の写像になっている．したがって逆関数 $x=f^{-1}(y)$ が J で定義され狭義単調増加である．すると任意の $y_0\in J$ について $x_0=f^{-1}(y_0)$ とすれば，$y_0=f(x_0)$ であり，$x\to x_0$ と $y=f(x)\to y_0$ が同じであるから，逆関数 $x=f^{-1}(y)$ は J で連続である．$f(x)$ が狭義単調減少ならば逆関数も狭義単調減少である．これを定理としてまとめておこう．

定理 3.5 関数 $y=f(x)$ が区間 I で連続な狭義単調関数ならば区間 $f(I)$ において定義された逆関数 $x=f^{-1}(y)$ が定義され，連続な狭義単調関数である．f が狭義単調増加ならば f^{-1} も狭義単調増加，f が狭義単調減少ならば f^{-1} も狭義単調減少である．

関数 $y=f(x)$ のグラフと逆関数 $x=f^{-1}(y)$ のグラフは同じであるが，$y=f^{-1}(x)$ のグラフとは直線 $y=x$ に関して対称である (次ページ図 3.1 参照)．

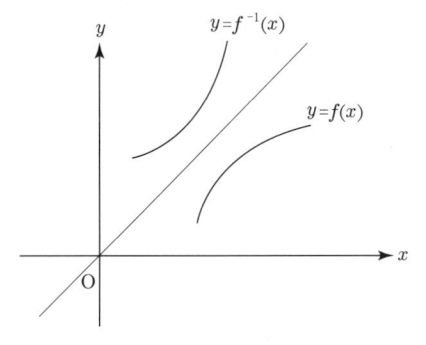

図 3.1 $f(x)$ と $f^{-1}(x)$ のグラフ

例 3.2 $y = f(x) = x^n$ は $x \geq 0$ で狭義単調増加であり,逆関数は $y = f^{-1}(x) = \sqrt[n]{x}$ で $x \geq 0$ において狭義単調増加な連続関数である. □

逆関数の微分

定理 3.6 関数 $y = f(x)$ は微分可能な狭義単調関数で $f'(x) \neq 0$ ならば,逆関数 $x = f^{-1}(y)$ は y に関して微分可能であって
$$\frac{df^{-1}(y)}{dy} = \frac{1}{f'(x)}$$
となる.

定理の式は
$$\frac{dx}{dy} = \frac{1}{\frac{dy}{dx}}$$
と書くことができる.

証明
$$\Delta y = f(x + \Delta x) - f(x)$$
とすれば
$$\Delta x = f^{-1}(y + \Delta y) - f^{-1}(y)$$
であって,$\Delta x \neq 0$ ならば $\Delta y \neq 0$,かつ $\Delta x \to 0$ ならば $\Delta y \to 0$ で,逆も成り

立つ．したがって
$$\frac{df^{-1}(y)}{dy} = \frac{dx}{dy} = \lim_{\Delta y \to 0} \frac{\Delta x}{\Delta y} = \frac{1}{\displaystyle\lim_{\Delta x \to 0} \frac{\Delta y}{\Delta x}} = \frac{1}{\dfrac{dy}{dx}} = \frac{1}{f'(x)}.$$

例 3.3 $x^{\frac{1}{n}} = \sqrt[n]{x}$ を微分しよう．$y = \sqrt[n]{x}$ とおけば $x = y^n$ である．ゆえに，
$$\frac{dy}{dx} = \frac{1}{\dfrac{dx}{dy}} = \frac{1}{ny^{n-1}} = \frac{1}{n}y^{1-n} = \frac{1}{n}x^{\frac{1}{n}-1}.$$

また，有理数 $r = \dfrac{m}{n}$ に対して，$y = x^r$, $u = x^m$ とすれば，$y = u^{\frac{1}{n}}$ であるから，
$$\frac{dy}{dx} = \frac{dy}{du}\frac{du}{dx} = \frac{1}{n}u^{\frac{1}{n}-1} \cdot mx^{m-1} = \frac{m}{n}x^{\frac{m}{n}-1} = rx^{r-1}.$$

あるいは，$y = x^{\frac{m}{n}}$ より $y^n = x^m$．この両辺を x で微分する．
$$ny^{n-1}y' = mx^{m-1}.$$

ゆえに
$$y' = \frac{m}{n}\frac{x^{m-1}}{y^{n-1}} = \frac{m}{n}x^{m-1-\frac{m}{n}(n-1)} = \frac{m}{n}x^{\frac{m}{n}-1}.$$
□

---

r を有理数とするとき，$x > 0$ において
$$(x^r)' = rx^{r-1}.$$

例題 3.4 次の関数を微分せよ．

(1) $\sqrt{\dfrac{1-x}{1+x}}$ (2) $\dfrac{x}{\sqrt{1-x^2}}$

解 (1) $\left(\sqrt{\dfrac{1-x}{1+x}}\right)' = \dfrac{1}{2}\dfrac{\left(\dfrac{1-x}{1+x}\right)'}{\sqrt{\dfrac{1-x}{1+x}}} = \dfrac{\dfrac{-1}{(1+x)^2}}{\sqrt{\dfrac{1-x}{1+x}}} = -\dfrac{1}{(1+x)\sqrt{1-x^2}}.$

(2) $\left(\dfrac{x}{\sqrt{1-x^2}}\right)' = \dfrac{\sqrt{1-x^2} + \dfrac{x^2}{\sqrt{1-x^2}}}{1-x^2} = \dfrac{1}{\sqrt{(1-x^2)^3}}.$
□

3.5 部分積分

微分可能な関数 $f(x)$, $g(x)$ の積の導関数は

$$\{f(x)g(x)\}' = f'(x)g(x) + f(x)g'(x)$$

であるから

$$f'(x)g(x) = \{f(x)g(x)\}' - f(x)g'(x)$$

である．これより積の不定積分の計算に有用な次の定理を得る．

定理 3.7（部分積分法）

$$\int f'(x)g(x)dx = f(x)g(x) - \int f(x)g'(x)dx.$$

例題 3.5 次の積分を求めよ．

(1) $x(x+1)^9$ (2) $x\sqrt{x-1}$

解 (1) $f'(x) = (x+1)^9$, $g(x) = x$ として部分積分法を使えば $f(x) = \frac{1}{10}(x+1)^{10}$ であるから，

$$\int x(x+1)^9 dx = \frac{x(x+1)^{10}}{10} - \frac{1}{10}\int (x+1)^{10} dx$$

$$= \frac{x(x+1)^{10}}{10} - \frac{(x+1)^{11}}{110} = \frac{(x+1)^{10}(10x-1)}{110}.$$

((1) の別解)

$$\int x(x+1)^9 dx = \int \{(x+1)^{10} - (x+1)^9\} dx = \frac{(x+1)^{11}}{11} - \frac{(x+1)^{10}}{10}$$

$$= \frac{(x+1)^{10}(10x-1)}{110}.$$

(2) $f'(x) = \sqrt{x-1}$, $g(x) = x$ とする．$f(x) = \frac{2}{3}(x-1)^{\frac{3}{2}}$ であるから

$$\int x\sqrt{x-1}\,dx = \frac{2}{3}x(x-1)^{\frac{3}{2}} - \frac{2}{3}\int (x-1)^{\frac{3}{2}} dx$$

$$= \frac{2}{3}x(x-1)^{\frac{3}{2}} - \frac{4}{15}(x-1)^{\frac{5}{2}}$$

$$= \frac{2}{15}(3x+2)\sqrt{(x-1)^3}.$$
□

演習問題 3

1. 次の関数を微分せよ．

(1) $\dfrac{1}{\sqrt{x}}$ (2) $\sqrt[3]{x^2+x+1}$

(3) $\sqrt{\dfrac{x}{x+1}}$ (4) $\sqrt{\dfrac{\sqrt{x}-1}{\sqrt{x}+1}}$

2. 次の関数の不定積分を求めよ．

(1) $x^3 - 3x^2 + x - 2$ (2) $(2x+3)^4$

(3) $\sqrt{2x+1}$ (4) $\sqrt{x^5}$

(5) $\dfrac{4x^3}{(x^4+1)^3}$ (6) $\dfrac{1}{\sqrt{x+1}-\sqrt{x}}$

(7) $x\sqrt{a^2-x^2}\ (a>0)$ (8) $\dfrac{x}{\sqrt{x^2+A}}\ (A\ne 0)$

第4章　指数関数と対数関数

本章のキーワード
指数関数，対数関数，対数微分，双曲線関数

4.1　指数関数と対数関数

正の実数 a は 1 ではないとする．すると a を底とする**指数関数**
$$y = a^x$$
が区間 $-\infty < x < \infty$ で定義され，$a > 1$ ならば狭義単調増加，$0 < a < 1$ ならば狭義単調減少である連続関数である．関数の値の範囲すなわち値域は $(0, \infty)$ である．

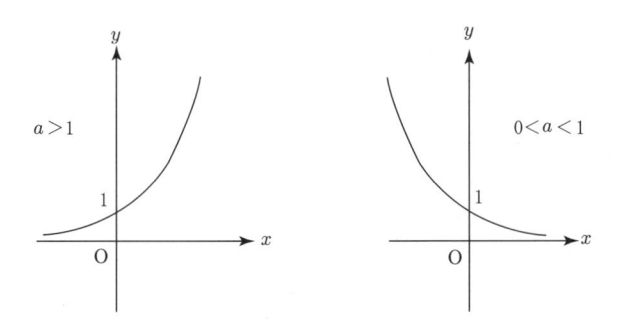

図 4.1　指数関数 $y = a^x$

したがって $(0, \infty)$ で定義された $y = a^x$ の逆関数を
$$y = \log_a x$$
と表し，a を底とする**対数関数**という．これは $a > 1$ ならば狭義単調増加，$a < 1$ ならば狭義単調減少の連続関数である．

指数関数の代数関係式

$$a^{y_1} a^{y_2} = a^{y_1+y_2},$$
$$\frac{a^{y_1}}{a^{y_2}} = a^{y_1-y_2},$$
$$(a^y)^k = a^{ky}$$

より対数関数の代数関係式

$$\log_a x_1 x_2 = \log_a x_1 + \log_a x_2,$$
$$\log_a \frac{x_1}{x_2} = \log_a x_1 - \log_a x_2,$$
$$\log_a x^k = k \log_a x,$$

および $b > 0, \neq 1$ に対し

$$\log_b x = \frac{\log_a x}{\log_a b}$$

が得られる．最後の式は $\log_a x = y,\ \log_b x = z,\ \log_a b = c$ とすれば，$x = a^y = b^z = (a^c)^z = a^{cz}$ より，$y = cz$ となるからである．

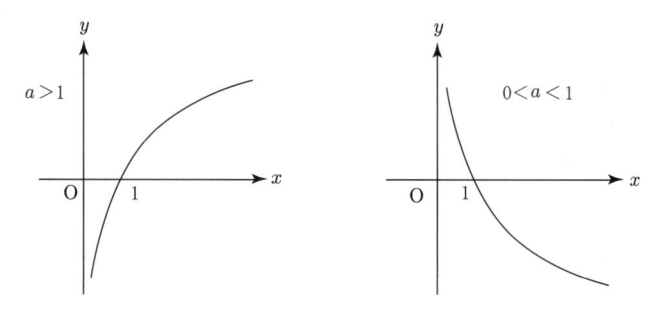

図 4.2 対数関数 $y = \log_a x$

単調な有界数列は収束するという定理 (附章定理 A.4) を基礎にして数列

$$a_n = \left(1 + \frac{1}{n}\right)^n \quad (n = 1, 2, 3, \cdots)$$

が収束することを示そう．まず重要な 2 項定理を記しておこう．

> **定理 4.1（2 項定理）**
>
> $$(a+b)^n = \sum_{k=0}^{n} \binom{n}{k} a^{n-k} b^k.$$
>
> ただし
>
> $$\binom{n}{k} = \frac{n(n-1)\cdots(n-k+1)}{k!}, \quad \binom{n}{0} = 1$$
>
> である．

係数は

$$\binom{n}{k} = \frac{n!}{k!(n-k)!}$$

であって，n 個のものから k 個取り出して作る組み合わせの数 $_nC_k$ に等しい．

証明は

$$\binom{n-1}{k-1} + \binom{n-1}{k}$$
$$= \frac{(n-1)!}{(k-1)!(n-k)!} + \frac{(n-1)!}{k!(n-k-1)!} = \frac{n!}{k!(n-k)!} = \binom{n}{k}$$

と，明らかな $n = 1$ の場合とから数学的帰納法による．

すると $n > 1$ のとき

$$a_n = 1 + 1 + \frac{1}{2!}\left(1 - \frac{1}{n}\right) + \cdots + \frac{1}{n!}\left(1 - \frac{1}{n}\right)\cdots\left(1 - \frac{n-1}{n}\right)$$
$$< 1 + 1 + \frac{1}{2!} + \frac{1}{3!} + \cdots + \frac{1}{n!}$$
$$< 1 + 1 + \frac{1}{2} + \frac{1}{2^2} + \cdots + \frac{1}{2^{n-1}} < 3$$

となって，数列 $\{a_n\}$ は上に有界である．a_{k+1} を同様に展開すれば，項の数は一つ増えて，第 $k + 1$ 項を比較すれば

$$\frac{1}{k!}\left(1 - \frac{1}{n}\right)\cdots\left(1 - \frac{k-1}{n}\right) < \frac{1}{k!}\left(1 - \frac{1}{n+1}\right)\cdots\left(1 - \frac{k-1}{n+1}\right)$$

となって $a_n < a_{n+1}$，すなわち単調増加である．したがって数列 $\{a_n\}$ は収束す

る．その極限値を e とおく．

$$e = \lim_{n \to \infty} \left(1 + \frac{1}{n}\right)^n \tag{4.1}$$

である．e は**ネイピア数**あるいは**自然対数の底**とよばれる．後に

$$e = 1 + \frac{1}{1!} + \frac{1}{2!} + \frac{1}{3!} + \cdots + \frac{1}{n!} + \cdots$$

であることを見る．e は無理数であることが知られている．数値としては

$$e = 2.718281828459045\cdots$$

である．

　e を底とする対数を**自然対数**という．そして通常 e を省略して

$$\log x$$

と表す．本によっては自然対数を $\ln x$ と書いてあることもある．微分積分学では対数は自然対数を意味する．

　指数関数 $y = e^x$ は $y = \exp x$ とも書き表される．

4.2　指数関数・対数関数の導関数

対数関数の微分

　対数関数の導関数を計算するためにまず極限

$$\lim_{h \to 0}(1 + h)^{\frac{1}{h}} = e$$

を示そう．そのために右側極限値と左側極限値が存在して等しいことを示す．$h \to +0$ のとき，$1/h$ の整数部分を n とすれば $h \to +0$ と $n \to \infty$ とは同じである．不等式

$$\left(1 + \frac{1}{n+1}\right)^n < (1 + h)^{\frac{1}{h}} < \left(1 + \frac{1}{n}\right)^{n+1}$$

において，(4.1) によって最左辺は
$$\left(1+\frac{1}{n+1}\right)^n = \left(1+\frac{1}{n+1}\right)^{n+1} \Big/ \left(1+\frac{1}{n+1}\right) \to e.$$
同じく最右辺も
$$\left(1+\frac{1}{n}\right)^{n+1} = \left(1+\frac{1}{n}\right)^n \left(1+\frac{1}{n}\right) \to e$$
となるから
$$\lim_{h \to +0}(1+h)^{\frac{1}{h}} = e$$
である．$h \to -0$ に対しては $k = -h$ とおけば $k \to +0$ であるから，
$$\lim_{h \to -0}(1+h)^{\frac{1}{h}} = \lim_{k \to +0}\left(\left(1+\frac{k}{1-k}\right)^{\frac{1-k}{k}}\right)^{\frac{1}{1-k}} = e$$
となる．したがって
$$\lim_{h \to 0}(1+h)^{\frac{1}{h}} = e$$
となる．

すると
$$\frac{\log(x+h) - \log x}{h} = \frac{1}{x}\log\left(1+\frac{h}{x}\right)^{\frac{x}{h}}$$
$$\to \frac{1}{x}\log e = \frac{1}{x} \quad (h \to 0)$$
すなわち
$$\frac{d}{dx}\log x = \frac{1}{x}$$
が得られた．これは $x > 0$ のときであるが，$x < 0$ のときは $u = -x$ とおけば $u > 0$ で $\dfrac{du}{dx} = -1$．したがって
$$\frac{d\log(-x)}{dx} = \frac{d\log u}{du}\frac{du}{dx} = \frac{1}{u}\cdot(-1) = \frac{1}{x}$$
となり，

$$(\log|x|)' = \frac{1}{x},$$
$$\int \frac{1}{x}\,dx = \log|x|.$$

$u = f(x)$ が微分可能で $f(x) \neq 0$ ならば $y = \log|u|$ とおけば

$$\frac{dy}{dx} = \frac{dy}{du}\frac{du}{dx} = \frac{1}{u}f'(x) = \frac{f'(x)}{f(x)}$$

となる．したがって

$$(\log|f(x)|)' = \frac{f'(x)}{f(x)},$$

$$\int \frac{f'(x)}{f(x)}\,dx = \log|f(x)|.$$

例題 4.1 次の関数を微分せよ．

(1) $\log|x^2 - 1|$ (2) $\dfrac{1}{2}\log\left|\dfrac{x-1}{x+1}\right|$ (3) $\log|x + \sqrt{x^2 + a}|\ (a \neq 0)$

解 (1) $(\log|x^2 - 1|)' = \dfrac{(x^2 - 1)'}{x^2 - 1} = \dfrac{2x}{x^2 - 1}.$

(2) $\left(\dfrac{1}{2}\log\left|\dfrac{x-1}{x+1}\right|\right)' = \left(\dfrac{1}{2}(\log|x-1| - \log|x+1|)\right)'$

$\qquad = \dfrac{1}{2}\left(\dfrac{1}{x-1} - \dfrac{1}{x+1}\right) = \dfrac{1}{x^2 - 1}.$

したがって

$$\left(\dfrac{1}{2}\log\left|\dfrac{x-1}{x+1}\right|\right)' = \dfrac{1}{x^2 - 1}.$$

(3) $(\log|x + \sqrt{x^2 + a}|)' = \dfrac{(x + \sqrt{x^2 + a})'}{x + \sqrt{x^2 + a}}$

$\qquad = \dfrac{1 + \dfrac{1}{2}\cdot\dfrac{2x}{\sqrt{x^2 + a}}}{x + \sqrt{x^2 + a}} = \dfrac{1}{\sqrt{x^2 + a}}.$

$$(\log|x + \sqrt{x^2 + a}|)' = \dfrac{1}{\sqrt{x^2 + a}}.$$

指数関数の微分

次に $y = e^x$ を微分しよう．$x = \log y$ であるから
$$\frac{dy}{dx} = \frac{1}{\frac{dx}{dy}} = \frac{1}{\frac{1}{y}} = y = e^x$$

すなわち

$$(e^x)' = e^x.$$

そして

$$\int e^x dx = e^x.$$

例題 4.2 次の関数の不定積分を求めよ．
(1) xe^x (2) $x^2 e^{-x}$ (3) $\log x$ (4) $x \log x$

解 いずれも部分積分による．

(1) $\displaystyle\int xe^x dx = xe^x - \int e^x dx = xe^x - e^x.$

(2) $\displaystyle\int x^2 e^{-x} dx = -x^2 e^{-x} + 2\int xe^{-x} dx$
$= -x^2 e^{-x} - 2xe^{-x} + 2\int e^{-x} dx = -x^2 e^{-x} - 2xe^{-x} - 2e^{-x}.$

(3) $\displaystyle\int \log x \, dx = x \log x - \int x \cdot \frac{dx}{x} = x \log x - x.$

(4) $\displaystyle\int x \log x \, dx = \frac{x^2}{2} \log x - \int \frac{x^2}{2} \cdot \frac{1}{x} \, dx = \frac{x^2}{2} \log x - \frac{x^2}{4}.$ □

4.3 対数微分法

対数をとって微分すると有効なことがある．この方法を**対数微分法**という．

例 4.1 α を任意の実数とするとき，$x > 0$ において $y = x^\alpha$ を考える．対数をとれば $\log y = \alpha \log x$．両辺を x で微分すれば，
$$\frac{1}{y}\frac{dy}{dx} = \alpha \cdot \frac{1}{x}.$$
ゆえに
$$\frac{dy}{dx} = \alpha \frac{1}{x} \cdot y = \alpha x^{\alpha - 1}.$$
すなわち

$$(x^\alpha)' = \alpha x^{\alpha - 1}.$$

例 4.2 $a > 0$ に対して $y = a^x$ とおく．対数をとって微分すれば
$$(\log y)' = (x \log a)'$$
となり，
$$\frac{y'}{y} = \log a.$$
ゆえに

$$(a^x)' = a^x \log a$$

となる． □

例題 4.3 次の関数を微分せよ．
(1) x^x (2) $x^{\log x}$

解 (1) $y = x^x$ とおく．両辺の対数をとり，$\log y = x \log x$ を x で微分する．
$$\frac{1}{y}y' = \log x + 1$$
となるから
$$y' = y(\log x + 1) = x^x(\log x + 1).$$

(2) $y = x^{\log x}$ とおいて $\log y = (\log x)^2$. ゆえに
$$\frac{y'}{y} = 2(\log x)\frac{1}{x}.$$
ゆえに
$$y' = 2y\frac{\log x}{x} = 2x^{\log x - 1}\log x.$$
□

4.4 双曲線関数

指数関数を用いて**双曲線関数**が次のように定義される．

ハイパボリック・コサイン： $\cosh x = \dfrac{e^x + e^{-x}}{2}$.

ハイパボリック・サイン： $\sinh x = \dfrac{e^x - e^{-x}}{2}$.

ハイパボリック・タンジェント： $\tanh x = \dfrac{e^x - e^{-x}}{e^x + e^{-x}} = \dfrac{\sinh x}{\cosh x}$.

また次の関数も定義しておこう．
$$\coth x = \frac{1}{\tanh x}, \quad \operatorname{sech} x = \frac{1}{\cosh x}, \quad \operatorname{cosech} x = \frac{1}{\sinh x}.$$
双曲線関数のグラフは図 4.3, 図 4.4 のようになる．

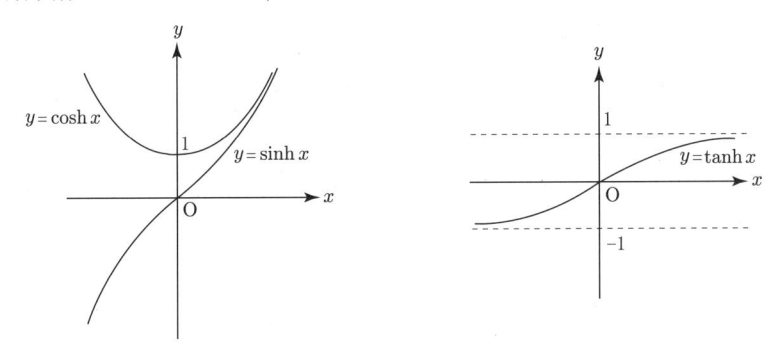

図 4.3　$\cosh x$ と $\sinh x$　　　　図 4.4　$\tanh x$

双曲線関数について次の公式が成り立つ．

$$\cosh^2 x - \sinh^2 x = 1, \quad 1 - \tanh^2 x = \operatorname{sech}^2 x,$$
$$\sinh(x+y) = \sinh x \cosh y + \cosh x \sinh y,$$
$$\cosh(x+y) = \cosh x \cosh y + \sinh x \sinh y,$$
$$\tanh(x+y) = \frac{\tanh x + \tanh y}{1 + \tanh x \tanh y},$$
$$\sinh 2x = 2\sinh x \cosh x,$$
$$\cosh 2x = \cosh^2 x + \sinh^2 x = 2\cosh^2 x - 1 = 2\sinh^2 x + 1,$$
$$\cosh^2 \frac{x}{2} = \frac{\cosh x + 1}{2},$$
$$\sinh^2 \frac{x}{2} = \frac{\cosh x - 1}{2}.$$

また導関数については次のようになる.

$$(\sinh x)' = \cosh x, \quad (\cosh x)' = \sinh x,$$
$$(\tanh x)' = \operatorname{sech}^2 x, \quad (\coth x)' = -\operatorname{cosech}^2 x.$$

$y = \sinh x$ は $(-\infty, \infty)$ において狭義の増加関数であるから逆関数 $y = \sinh^{-1} x$ が存在する.
$$x = \sinh y = \frac{e^y - e^{-y}}{2}$$
より
$$y = \sinh^{-1} x = \log(x + \sqrt{1+x^2}).$$

例題 4.4 次の不定積分を求めよ $(a > 0)$.
$$\int \frac{dx}{\sqrt{a^2 + x^2}}$$

解 $x = a \sinh t$ とおく. $dx = a \cosh t \, dt, a^2 + x^2 = a^2 \cosh^2 t$ であるから

$$\int \frac{dx}{\sqrt{a^2+x^2}} = \int \frac{a\cosh t}{a\cosh t}\,dt = t + C$$
$$= \sinh^{-1}\frac{x}{a} + C = \log\left(\frac{x}{a} + \sqrt{1+\left(\frac{x}{a}\right)^2}\right) + C$$
$$= \log(x + \sqrt{a^2+x^2}) + C'. \qquad \square$$

演習問題 4

1. 次の関数を微分せよ．
 (1) e^{2x-1} (2) xe^{-x^2}
 (3) $\log(x^2+x+1)$ (4) $(x+1)\log(x+1)$
 (5) $\log(\cosh x)$ (6) $\log\sqrt{1+x^2}$

2. 次の関数を微分せよ．
 (1) $a^{\log x}$ (2) $x^{\sqrt{x}}$

3. 次の関数の不定積分を求めよ．
 (1) xe^{-3x} (2) $\dfrac{1}{1+e^x}$
 (3) $\dfrac{\sqrt{1+\log x}}{x}$ (4) $e^x \log(1+e^x)$
 (5) $\dfrac{\cosh x}{1+\sinh x}$ (6) $\tanh x$

4. $x = a\sinh t$ とおくことによって次の式を示せ $(a>0)$．
$$\int \sqrt{a^2+x^2}\,dx = \frac{1}{2}\{a^2\log(x+\sqrt{a^2+x^2}) + x\sqrt{a^2+x^2}\}$$

第5章 三角関数と逆三角関数

本章のキーワード

三角関数，三角関数の加法定理，逆三角関数

5.1 三角関数

一般角の三角関数を考える．角としては弧度法を使用する．単位はラジアンで

$$1 \text{ラジアン} = \frac{180°}{\pi}$$

であるが，通常，単位はつけずに角を表す．すなわち $180°$ は π，直角は $\dfrac{\pi}{2}$ である．

座標平面において原点 O を中心に半径 1 の円を描く．E $= (1, 0)$ として，円周上の点 A に ∠EOA を対応させる．ただし x 軸の正方向から反時計回りに角を計ることにし，反対回り (時計回り方向) を負とする．また実数 θ を $\theta = \theta' + 2n\pi$ ($0 \leq \theta' < 2\pi, n \in \mathbf{Z}$) と表し，∠EOA $= \theta'$ となる単位円周上の点 A を対応させる．ここで $\mathbf{Z}$ は整数の全体である．A の x 座標を $\cos\theta$, y 座標を $\sin\theta$ と表し，それぞれ**余弦**と**正弦**という．また

$$\tan\theta = \frac{\sin\theta}{\cos\theta}, \quad \cot\theta = \frac{1}{\tan\theta}$$

によって**正接**と**余接**を定義する．ピタゴラスの定理より

$$\sin^2\theta + \cos^2\theta = 1$$

であり，したがって $|\sin\theta| \leq 1$, $|\cos\theta| \leq 1$ である．$\sin\theta$, $\cos\theta$ を θ の関数と考えれば，定義より 2π を周期とする周期関数

$$\sin(\theta + 2\pi) = \sin\theta, \quad \cos(\theta + 2\pi) = \cos\theta$$

であり，$\tan\theta$ は周期が π の周期関数である．

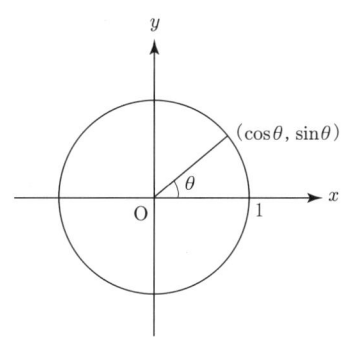

図 5.1　三角関数

次の関数も用いられることがある．

$$\sec\theta = \frac{1}{\cos\theta} \quad (\text{正割})$$
$$\mathrm{cosec}\,\theta = \frac{1}{\sin\theta} \quad (\text{余割})$$

すると

$$1 + \tan^2\theta = \sec^2\theta$$

が成り立つ．

また，次の関係は基本的である．定義より容易に導かれる．

$$\sin(-\theta) = -\sin\theta, \quad \cos(-\theta) = \cos\theta. \tag{5.1}$$
$$\sin\left(\theta + \frac{\pi}{2}\right) = \cos\theta, \quad \cos\left(\theta + \frac{\pi}{2}\right) = -\sin\theta. \tag{5.2}$$
$$\sin(\theta + \pi) = -\sin\theta, \quad \cos(\theta + \pi) = -\cos\theta. \tag{5.3}$$
$$\cos\left(\frac{\pi}{2} - \theta\right) = \sin\theta. \tag{5.4}$$

三角関数の加法定理

$$\sin(\alpha + \beta) = \sin\alpha\cos\beta + \cos\alpha\sin\beta \tag{5.5}$$

は $0 \leqq \alpha,\ \beta < \pi/2$ の場合に帰着させて図 5.2 より

$$\sin(\alpha + \beta) = \frac{\mathrm{AC}}{\mathrm{OA}} = \frac{\mathrm{BD} + \mathrm{AE}}{\mathrm{OA}}$$

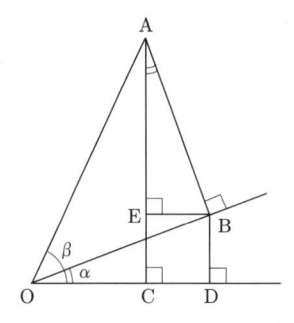

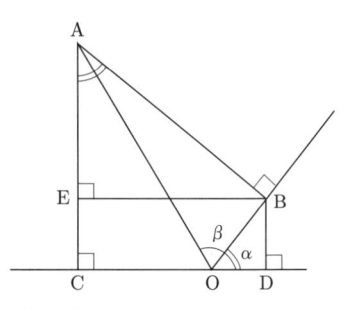

$$= \frac{\text{BD}}{\text{OB}}\frac{\text{OB}}{\text{OA}} + \frac{\text{AE}}{\text{AB}}\frac{\text{AB}}{\text{OA}}$$
$$= \sin\alpha\cos\beta + \cos\alpha\sin\beta.$$

図 5.2　三角関数の加法定理

β の代わりに $-\beta$ とすれば

$$\sin(\alpha - \beta) = \sin\alpha\cos\beta - \cos\alpha\sin\beta \tag{5.6}$$

となる．(5.2) と合わせれば

$$\cos(\alpha \pm \beta) = \cos\alpha\cos\beta \mp \sin\alpha\sin\beta$$

が得られる．したがって，また

$$\tan(\alpha \pm \beta) = \frac{\tan\alpha \pm \tan\beta}{1 \mp \tan\alpha\tan\beta}.$$

特別な場合として，倍角の公式および半角の公式が得られる：

$$\sin 2\alpha = 2\sin\alpha\cos\alpha,$$
$$\cos 2\alpha = \cos^2\alpha - \sin^2\alpha = 2\cos^2\alpha - 1 = 1 - 2\sin^2\alpha,$$
$$\tan 2\alpha = \frac{2\tan\alpha}{1 - \tan^2\alpha},$$
$$\sin^2\frac{\alpha}{2} = \frac{1 - \cos\alpha}{2},$$
$$\cos^2\frac{\alpha}{2} = \frac{1 + \cos\alpha}{2},$$
$$\tan^2\frac{\alpha}{2} = \frac{1 - \cos\alpha}{1 + \cos\alpha}.$$

$\alpha + \beta = \gamma,\ \alpha - \beta = \delta$ とおけば，(5.5) と (5.6) より

$$\sin\gamma - \sin\delta = 2\cos\frac{\gamma+\delta}{2}\sin\frac{\gamma-\delta}{2} \tag{5.7}$$

となる．

$0 < \theta < \dfrac{\pi}{2}$ のとき図の $\triangle\mathrm{AOB}$，扇形 AOB，$\triangle\mathrm{AOT}$ の面積を比較することによって，不等式

$$0 < \sin\theta < \theta < \tan\theta \tag{5.8}$$

が成り立つ．

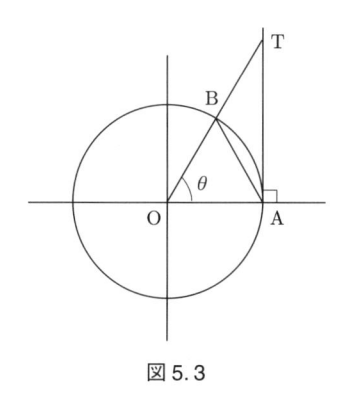

図 5.3

$0 > \theta > -\dfrac{\pi}{2}$ のときは $-\theta$ に上の式を当てはめれば $0 < -\sin\theta < -\theta < -\tan\theta$ となり，結局 $0 < |\theta| < \dfrac{\pi}{2}$ のとき

$$0 < |\sin\theta| < |\theta|$$

が得られる．

(5.7) より $|x - x'| < \pi/2$ となる x, x' に対して

$$|\sin x - \sin x'| = 2\left|\cos\frac{x+x'}{2}\sin\frac{x-x'}{2}\right|$$

$$\leqq 2\left|\sin\frac{x-x'}{2}\right| \leqq |x - x'|$$

となる．したがって関数 $y = \sin x$ は連続関数である．また $\cos x = \sin(x + \pi/2)$ であるから $y = \cos x$ も連続である．

$0 < \theta < \dfrac{\pi}{2}$ のとき (5.8) より

$$\cos\theta < \frac{\sin\theta}{\theta} < 1 \tag{5.9}$$

となる. $0 > \theta > -\dfrac{\pi}{2}$ のときは $-\theta$ を代入すれば同じ不等式をみたす. $\theta \to 0$ のとき $\cos\theta \to \cos 0 = 1$ であるから, (5.9) で $\theta \to 0$ とすれば次の定理が得られる.

定理 5.1
$$\lim_{\theta \to 0} \frac{\sin\theta}{\theta} = 1.$$

変数を x とした三角関数 $y = \sin x$, $y = \cos x$, $y = \tan x$ のグラフは図 5.4, 図 5.5 のようになる.

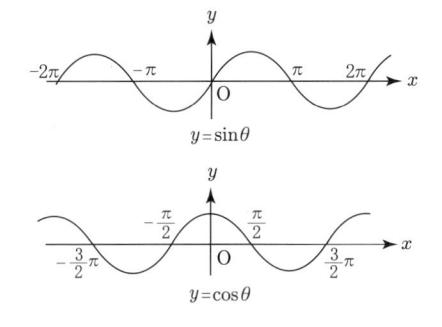

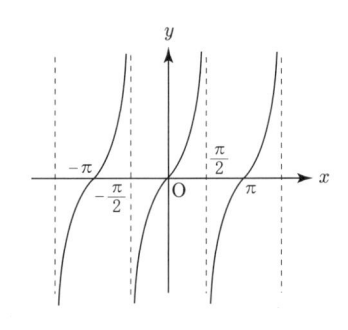

図 5.4 $y = \sin x$ と $y = \cos x$ 図 5.5 $y = \tan x$

例題 5.1 次の極限値を求めよ.

(1) $\displaystyle\lim_{x \to 0} \frac{\sin 5x}{2x}$ (2) $\displaystyle\lim_{x \to 0} \frac{\sin 4x}{\sin 2x}$

(3) $\displaystyle\lim_{x \to 0} \frac{\tan 3x}{2x}$ (4) $\displaystyle\lim_{x \to 0} \frac{\sin(\sin x)}{x}$

解 (1) $\dfrac{\sin 5x}{2x} = \dfrac{5}{2} \dfrac{\sin 5x}{5x} \to \dfrac{5}{2}$.

(2) $\dfrac{\sin 4x}{\sin 2x} = \dfrac{4}{2} \dfrac{\sin 4x}{4x} \dfrac{2x}{\sin 2x} \to 2$.

(3) $\dfrac{\tan 3x}{2x} = \dfrac{3}{2} \dfrac{1}{\cos 3x} \dfrac{\sin 3x}{3x} \to \dfrac{3}{2}$.

(4) $\dfrac{\sin(\sin x)}{x} = \dfrac{\sin(\sin x)}{\sin x} \dfrac{\sin x}{x} \to 1$. □

5.2 三角関数の導関数

$f(x) = \sin x$ とおく.
$$\frac{f(x+h) - f(x)}{h} = \frac{1}{h}(\sin(x+h) - \sin x) = \frac{2}{h}\cos\left(x + \frac{h}{2}\right)\sin\frac{h}{2}$$
$$= \cos\left(x + \frac{h}{2}\right)\frac{\sin\frac{h}{2}}{\frac{h}{2}}.$$

ここで $h \to 0$ とすれば定理 5.1 および $\cos x$ の連続性によって $\cos x$ に収束する. こうして
$$(\sin x)' = \cos x$$
が得られた. また, これより
$$(\cos x)' = \left(\sin\left(x + \frac{\pi}{2}\right)\right)' = \cos\left(x + \frac{\pi}{2}\right) = -\sin x$$
も従う. さらに商の微分の公式より
$$(\tan x)' = \left(\frac{\sin x}{\cos x}\right)' = \frac{\cos^2 x + \sin^2 x}{\cos^2 x} = \frac{1}{\cos^2 x} = \sec^2 x$$
となる. 以上を公式としてまとめておく.

$$(\sin x)' = \cos x,$$
$$(\cos x)' = -\sin x,$$
$$(\tan x)' = \sec^2 x.$$

対応する積分の公式は

$$\int \sin x\, dx = -\cos x,$$
$$\int \cos x\, dx = \sin x,$$
$$\int \sec^2 x\, dx = \tan x.$$

例題 5.2 次の関数の不定積分を求めよ．
 (1) $\cos^2 x$ (2) $\tan x$

解 (1) 半角の公式より $\cos^2 x = \dfrac{1+\cos 2x}{2}$ が成り立つから

$$\int \cos^2 x\, dx = \frac{1}{2}\int(1+\cos 2x)dx = \frac{1}{2}\left(x + \frac{\sin 2x}{2}\right) = \frac{1}{2}(x+\sin x\cos x).$$

(2) $\displaystyle\int \tan x\, dx = \int \frac{\sin x}{\cos x}\, dx = -\int \frac{(\cos x)'}{\cos x}\, dx = -\log|\cos x|.$

例題 5.3
$$I_n = \int x^n \sin x\, dx, \quad J_n = \int x^n \cos x\, dx$$
とおくとき次の漸化式を証明せよ．
 (1) $I_n = x^{n-1}(n\sin x - x\cos x) - n(n-1)I_{n-2}.$
 (2) $J_n = x^{n-1}(n\cos x + x\sin x) - n(n-1)J_{n-2}.$

解 (1) $\displaystyle I_n = -\int x^n (\cos x)'\, dx$

$$= -x^n \cos x + n\int x^{n-1}\cos x\, dx$$

$$= -x^n \cos x + nx^{n-1}\sin x - n(n-1)\int x^{n-2}\sin x\, dx$$

$$= x^{n-1}(n\sin x - x\cos x) - n(n-1)I_{n-2}.$$

(2) $\displaystyle J_n = \int x^n (\sin x)'\, dx$

$$= x^n \sin x - n\int x^{n-1}\sin x\, dx$$

$$= x^n \sin x + nx^{n-1}\cos x - n(n-1)\int x^{n-2}\cos x\, dx$$

$$= x^{n-1}(n\cos x + x\sin x) - n(n-1)J_{n-2}.$$

例題 5.4 a, b の少なくとも一方は 0 でないとするとき，次の式を証明せよ．

$$\int e^{ax}\sin bx\, dx = \frac{e^{ax}}{a^2+b^2}(a\sin bx - b\cos bx), \tag{5.10}$$

$$\int e^{ax}\cos bx\, dx = \frac{e^{ax}}{a^2+b^2}(b\sin bx + a\cos bx). \tag{5.11}$$

解 $\displaystyle\int e^{ax}\sin bx\,dx = I, \quad \int e^{ax}\cos bx\,dx = J$

とおく．$b=0$ のときは容易に分かるように成立している．$b\neq 0$ とする．

$$I = -\frac{1}{b}e^{ax}\cos bx + \frac{a}{b}\int e^{ax}\cos bx\,dx = \frac{1}{b}(-e^{ax}\cos bx + aJ),$$

$$J = \frac{1}{b}e^{ax}\sin bx - \frac{a}{b}\int e^{ax}\sin bx\,dx = \frac{1}{b}(e^{ax}\sin bx - aI).$$

したがって

$$bI - aJ = -e^{ax}\cos bx,$$
$$aI + bJ = e^{ax}\sin bx$$

が成り立つから，これを解けば求める式となる． □

5.3 逆三角関数

区間 $-1 \leqq y \leqq 1$ の y に対して，$y = \sin x$ となる x は無限個あり逆関数は考えられない．しかし，狭義単調であるような区間に限ればそこでの逆関数を作ることができる．逆関数の独立変数を x，従属変数を y とし，区間を $-\dfrac{\pi}{2} \leqq x \leqq \dfrac{\pi}{2}$ に限ったものを $y = \sin^{-1} x$ と表す．すなわち

$$y = \sin^{-1} x \quad \Longleftrightarrow \quad x = \sin y, \ -\frac{\pi}{2} \leqq y \leqq \frac{\pi}{2}$$

である．同様に $y = \cos x$，$y = \tan x$ の逆関数もそれぞれ狭義単調関数となる区間 $0 \leqq x \leqq \pi$，$-\dfrac{\pi}{2} < x < \dfrac{\pi}{2}$ で考える．それは

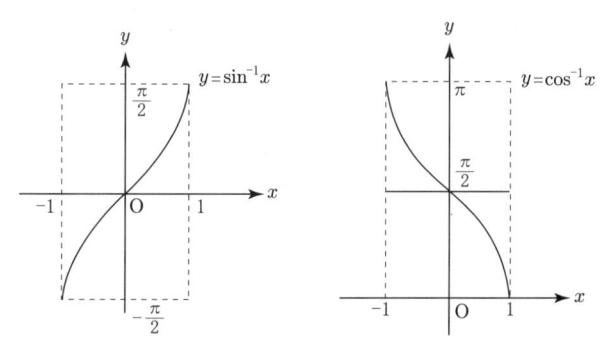

図 5.6 $y = \sin^{-1} x$ と $y = \cos^{-1} x$

$$y = \cos^{-1} x \quad \Longleftrightarrow \quad x = \cos y,\ 0 \leqq y \leqq \pi$$
$$y = \tan^{-1} x \quad \Longleftrightarrow \quad x = \tan y,\ -\frac{\pi}{2} < y < \frac{\pi}{2}$$

と定義される．これらは $y = \arcsin x, y = \arccos x, y = \arctan x$ という記法がされることもあり，アークサイン，アークコサイン，アークタンジェントと読まれる．$\sin^{-1} x$ と $\dfrac{1}{\sin x}$ とは違うものであるから注意が必要である．

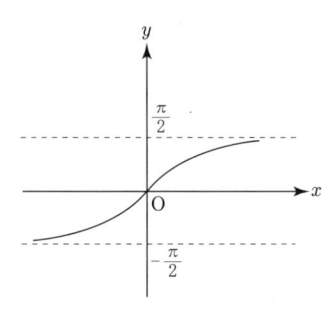

図 5.7　$y = \tan^{-1} x$

例題 5.5　次の値はいくらか．

(1) $\sin^{-1} \dfrac{1}{2}$　　(2) $\cos^{-1} \dfrac{1}{\sqrt{2}}$　　(3) $\tan^{-1} 1$

解　与式を y とおく．

(1) $\sin y = \dfrac{1}{2},\ -\dfrac{\pi}{2} \leqq y \leqq \dfrac{\pi}{2}$ より $y = \dfrac{\pi}{6}$．

(2) $\cos y = \dfrac{1}{\sqrt{2}},\ 0 \leqq y \leqq \pi$ より $y = \dfrac{\pi}{4}$．

(3) $\tan y = 1,\ -\dfrac{\pi}{2} < y < \dfrac{\pi}{2}$ より $y = \dfrac{\pi}{4}$．

例題 5.6　次の式を証明せよ．
$$\sin^{-1} x + \cos^{-1} x = \frac{\pi}{2} \quad (-1 \leqq x \leqq 1)$$

解　$\dfrac{\pi}{2} - \sin^{-1} x = y$ とおく．$-\dfrac{\pi}{2} \leqq \sin^{-1} x \leqq \dfrac{\pi}{2}$ であるから，$0 \leqq y \leqq \pi$ である．そして
$$\cos y = \sin\left(\frac{\pi}{2} - y\right) = \sin(\sin^{-1} x) = x$$

であるから $y = \cos^{-1} x$ である. □

逆三角関数の導関数を求めよう．$y = \sin^{-1} x$ ならば $x = \sin y$ であり，区間 $-\dfrac{\pi}{2} < y < \dfrac{\pi}{2}$ では $\sqrt{1-x^2} = \cos y$ である．したがって

$$\frac{dy}{dx} = \frac{1}{\dfrac{dx}{dy}} = \frac{1}{(\sin y)'} = \frac{1}{\cos y} = \frac{1}{\sqrt{1-x^2}}$$

となる．

$y = \cos^{-1} x$ のときは $0 < y < \pi$ で $\sqrt{1-x^2} = \sin y$ であるから，

$$\frac{dy}{dx} = \frac{1}{(\cos y)'} = -\frac{1}{\sin y} = -\frac{1}{\sqrt{1-x^2}}$$

となる．次に $y = \tan^{-1} x$ とする．

$$\frac{dy}{dx} = \frac{1}{(\tan y)'} = \frac{1}{\sec^2 y} = \frac{1}{1+\tan^2 y} = \frac{1}{x^2+1}$$

が成り立つ．したがって次の公式が得られた．

$$(\sin^{-1} x)' = \frac{1}{\sqrt{1-x^2}}, \qquad (5.12)$$

$$(\cos^{-1} x)' = -\frac{1}{\sqrt{1-x^2}}, \qquad (5.13)$$

$$(\tan^{-1} x)' = \frac{1}{1+x^2}. \qquad (5.14)$$

積分は次の形で現れることが多い．

$a > 0$ とする．

$$\int \frac{dx}{\sqrt{a^2-x^2}} = \sin^{-1} \frac{x}{a}, \qquad (5.15)$$

$$\int \frac{dx}{a^2+x^2} = \frac{1}{a} \tan^{-1} \frac{x}{a}. \qquad (5.16)$$

証明

$$\int \frac{dx}{\sqrt{a^2-x^2}} = \frac{1}{a}\int \frac{dx}{\sqrt{1-\left(\frac{x}{a}\right)^2}}$$

および

$$\int \frac{dx}{a^2+x^2} = \frac{1}{a^2}\int \frac{dx}{1+\left(\frac{x}{a}\right)^2}$$

に (3.1), (5.12), (5.14) を当てはめればよい．∎

例題 5.7 $\int \sqrt{a^2-x^2}\,dx \quad (a>0)$ を求めよ．

解 部分積分を用いる．

$$I = \int \sqrt{a^2-x^2}\,dx = \int (x)'\sqrt{a^2-x^2}\,dx$$
$$= x\sqrt{a^2-x^2} - \int x \cdot \frac{-x}{\sqrt{a^2-x^2}}\,dx$$
$$= x\sqrt{a^2-x^2} - \int \frac{(a^2-x^2)-a^2}{\sqrt{a^2-x^2}}\,dx$$
$$= x\sqrt{a^2-x^2} - \int \sqrt{a^2-x^2}\,dx + a^2\int \frac{dx}{\sqrt{a^2-x^2}}.$$

ゆえに

$$2I = x\sqrt{a^2-x^2} + a^2 \int \frac{dx}{\sqrt{a^2-x^2}}.$$

したがって (5.15) により

$$\int \sqrt{a^2-x^2}\,dx = \frac{1}{2}\left(x\sqrt{a^2-x^2} + a^2 \sin^{-1}\frac{x}{a}\right).$$

演習問題 5

1. 次の関数を微分せよ．

(1) $\sin 2x$ 　　　　　　(2) $\cos(\sqrt{x})$

(3) $\cot x$ (4) $\dfrac{\sin x}{x}$

(5) $\log|\sin x|$ (6) $\sin^4 x$

(7) $\tan^{-1}\dfrac{a+x}{a-x}$ (8) $\cos^{-1}\sqrt{1-x^2}$

(9) $\log\left|\tan\dfrac{x}{2}\right|$ (10) $e^{ax}(\cos bx + \sin bx)$

2. 次の関数の不定積分を求めよ．

(1) $\sin^2 x$ (2) $\cot\dfrac{x}{2}$

(3) $\dfrac{x}{\cos^2 x}$ (4) $\sin^{-1} x$

第6章 有理関数の不定積分

本章のキーワード
有理関数,部分分数分解,有理関数の積分への帰着

6.1 有理関数の不定積分

不定積分は微分操作の逆であるから,微分公式があれば不定積分の公式も自動的に作ることができる.しかし任意の関数を与えてその不定積分を求めることは不可能である.そのことから新しい関数を導入する必要性が生ずることがある.この章では有理関数の不定積分が前章までにでてきた関数を用いて表されることを示す.さらに有理関数の積分に帰着されるいくつかの不定積分を計算する.

まず基礎となるのは

$$\int x^n dx = \begin{cases} \dfrac{1}{n+1} x^{n+1} & (n \neq -1) \\ \log|x| & (n = -1) \end{cases}$$

である.これにより分母が変数 x の単項式であれば計算できる.2次式についてみよう.

例 6.1 $I = \displaystyle\int \frac{dx}{x^2+1}$ を求める.

$x = \tan t$ とおく.

$$dx = \frac{1}{\cos^2 t}\,dt = (1+\tan^2 t)dt = (1+x^2)dt$$

であるから

$$I = \int dt = t = \tan^{-1} x.$$

例 6.2 $I = \displaystyle\int \frac{dx}{ax^2+bx+c}$ $(a \neq 0)$ を求める.

(1) $b^2 - 4ac > 0$ のとき．分母は $ax^2 + bx + c = 0$ の 2 根を α, β $(\alpha \neq \beta)$ とすれば $a(x-\alpha)(x-\beta)$ と書くことができる．

$$\frac{1}{(x-\alpha)(x-\beta)} = \frac{1}{\alpha - \beta}\left(\frac{1}{x-\alpha} - \frac{1}{x-\beta}\right) \tag{6.1}$$

であるから

$$\begin{aligned}
I &= \frac{1}{a(\alpha - \beta)}\left(\int \frac{dx}{x-\alpha} - \int \frac{dx}{x-\beta}\right) \\
&= \frac{1}{a(\alpha - \beta)}\left(\log|x-\alpha| - \log|x-\beta|\right) \\
&= \frac{1}{a(\alpha - \beta)}\log\left|\frac{x-\alpha}{x-\beta}\right|.
\end{aligned}$$

(2) $b^2 - 4ac = 0$ のとき．分母は $a(x-\alpha)^2$ となるので

$$I = \frac{1}{a}\int \frac{dx}{(x-\alpha)^2} = -\frac{1}{a(x-\alpha)}.$$

(3) $b^2 - 4ac < 0$ のとき．

$$\begin{aligned}
ax^2 + bx + c &= a\left(x + \frac{b}{2a}\right)^2 + \frac{4ac - b^2}{4a} \\
&= \frac{4ac - b^2}{4a}\left\{\left(\frac{2a}{\sqrt{4ac - b^2}}\left(x + \frac{b}{2a}\right)\right)^2 + 1\right\}
\end{aligned}$$

であるから

$$t = \frac{2a}{\sqrt{4ac - b^2}}\left(x + \frac{b}{2a}\right)$$

とおけば

$$dx = \frac{\sqrt{4ac - b^2}}{2a}dt$$

であり，

$$\begin{aligned}
I &= \frac{2}{\sqrt{4ac - b^2}}\int \frac{dt}{t^2 + 1} = \frac{2}{\sqrt{4ac - b^2}}\tan^{-1} t \\
&= \frac{2}{\sqrt{4ac - b^2}}\tan^{-1}\left(\frac{2a}{\sqrt{4ac - b^2}}\left(x + \frac{b}{2a}\right)\right).
\end{aligned}$$
□

(6.1) のように一つの分数を分母の因子を分母とする分数に分けることを**部分分数分解**という．一般に実係数の多項式は実数の範囲で 1 次式と 2 次式の積に因数分解できる．すると任意の有理関数は

多項式, $\dfrac{a}{(x-\alpha)^m}$, $\dfrac{bx+c}{(x^2+px+q)^n}$ $(p^2-4q<0)$

の和として表される.

例 6.3 (1) $I = \displaystyle\int \dfrac{dx}{x^3-x}$ を求める.

$$\dfrac{1}{x^3-x} = \dfrac{1}{x(x-1)(x+1)} = \dfrac{A}{x} + \dfrac{B}{x-1} + \dfrac{C}{x+1}$$

とおく. 分母を払えば

$$1 = A(x^2-1) + B(x^2+x) + C(x^2-x).$$

恒等的にこの式が成り立つように A, B, C を定める. $x = 0, 1, -1$ を代入すれば $A = -1, B = \dfrac{1}{2}, C = \dfrac{1}{2}$. したがって

$$\dfrac{1}{x^3-x} = -\dfrac{1}{x} + \dfrac{1}{2}\left(\dfrac{1}{x-1} + \dfrac{1}{x+1}\right).$$

ゆえに

$$I = -\int \dfrac{dx}{x} + \dfrac{1}{2}\int \left(\dfrac{1}{x-1} + \dfrac{1}{x+1}\right) dx$$
$$= -\log|x| + \dfrac{1}{2}(\log|x-1| + \log|x+1|) = \dfrac{1}{2}\log \dfrac{|x^2-1|}{x^2}.$$

(2) $I = \displaystyle\int \dfrac{dx}{x(x^2+1)^2}$ を求める.

$$\dfrac{1}{x(x^2+1)^2} = \dfrac{A}{x} + \dfrac{Bx+C}{(x^2+1)^2} + \dfrac{Dx+E}{x^2+1}$$

とおく. これより

$$1 = A(x^2+1)^2 + (Bx+C)x + (Dx+E)x(x^2+1).$$

$x = 0$ とおけば $A = 1$. x^4 の係数を比較して $D = -1$. x^3 の係数より $E = 0$. x の係数より $C = 0$. x^2 の係数より $B = -1$. ゆえに

$$\dfrac{1}{x(x^2+1)^2} = \dfrac{1}{x} - \dfrac{x}{(x^2+1)^2} - \dfrac{x}{x^2+1}.$$

したがって

$$I = \int \dfrac{dx}{x} - \dfrac{1}{2}\int \dfrac{(x^2+1)'}{(x^2+1)^2} dx - \dfrac{1}{2}\int \dfrac{(x^2+1)'}{x^2+1} dx$$

$$= \log|x| + \frac{1}{2}\frac{1}{x^2+1} - \frac{1}{2}\log(x^2+1) = \log\frac{|x|}{\sqrt{x^2+1}} + \frac{1}{2(x^2+1)}. \quad \square$$

$p^2 - 4q < 0$ のとき
$$\int \frac{bx+c}{(x^2+px+q)^n}\,dx$$
は変数変換を行えば $A\displaystyle\int \frac{t}{(t^2+1)^n}\,dt$ の形の積分と $B\displaystyle\int \frac{1}{(t^2+1)^n}\,dt$ の形の積分の和である．
$$\int \frac{t}{(t^2+1)^n}\,dt$$
は $t^2+1=u$ とおけば
$$C\int \frac{du}{u^n}$$
に帰着される．したがって残る積分は
$$I_n = \int \frac{dt}{(t^2+1)^n}$$
を $n \geqq 2$ に対して計算すればよい．部分積分法を用いる．
$$I_{n-1} = \int 1 \cdot \frac{1}{(t^2+1)^{n-1}}\,dt$$
$$= t \cdot \frac{1}{(t^2+1)^{n-1}} - \int t \cdot \left\{\frac{1}{(t^2+1)^{n-1}}\right\}'\,dt$$
$$= \frac{t}{(t^2+1)^{n-1}} + 2(n-1)\int \frac{t^2}{(t^2+1)^n}\,dt$$
$$= \frac{t}{(t^2+1)^{n-1}} + 2(n-1)(I_{n-1} - I_n).$$
ゆえに
$$I_n = \frac{2n-3}{2n-2}I_{n-1} + \frac{1}{2(n-1)}\frac{t}{(t^2+1)^{n-1}}$$
となり，I_{n-1} の計算に帰着され，したがって I_1 に帰着される．こうして有理関数の不定積分は原理的には既知の初等関数で表されることが分かった．

例題 6.1 次の関数の不定積分を求めよ．

(1) $\dfrac{x^3+x-1}{(x-1)^2(x^2+1)}$ (2) $\dfrac{1}{x(x+1)^3}$

解 求める不定積分を I とおく．

(1) $$\frac{x^3+x-1}{(x-1)^2(x^2+1)} = \frac{A}{(x-1)^2} + \frac{B}{(x-1)} + \frac{Cx+D}{x^2+1}$$

とおく．分母を払うことにより

$$x^3 + x - 1 = A(x^2+1) + B(x-1)(x^2+1) + (Cx+D)(x-1)^2.$$

$x^3,\ x^2,\ x$ の係数および定数項を比較すれば

$$1 = B+C, \quad 0 = A-B-2C+D, \quad 1 = B+C-2D, \quad -1 = A-B+D.$$

これより

$$A = \frac{1}{2}, \quad B = \frac{3}{2}, \quad C = -\frac{1}{2}, \quad D = 0.$$

したがって

$$I = \frac{1}{2}\int \frac{dx}{(x-1)^2} + \frac{3}{2}\int \frac{dx}{x-1} - \frac{1}{2}\int \frac{x}{x^2+1}dx$$

$$= -\frac{1}{2(x-1)} + \frac{3}{2}\log|x-1| - \frac{1}{4}\log(x^2+1).$$

(2) $$\frac{1}{x(x+1)^3} = \frac{A}{x} + \frac{B}{(x+1)^3} + \frac{C}{(x+1)^2} + \frac{D}{x+1}$$

とおく．分母を払って

$$1 = A(x+1)^3 + Bx + Cx(x+1) + Dx(x+1)^2.$$

$x = 0$ とおけば $A = 1$．$x = -1$ とおけば $B = -1$．x^3 の係数を比較して $D = -1$．x^2 の係数を見れば $0 = 3A + C + 2D = 1 + C$ であるから $C = -1$．したがって

$$I = \int \frac{dx}{x} - \int \frac{dx}{(x+1)^3} - \int \frac{dx}{(x+1)^2} - \int \frac{dx}{x+1}$$

$$= \log|x| + \frac{1}{2(x+1)^2} + \frac{1}{x+1} - \log|x+1|$$

$$= \log\left|\frac{x}{x+1}\right| + \frac{2x+3}{2(x+1)^2}. \qquad \square$$

6.2 有理関数の積分に帰着される積分

本節の $R(X,Y)$, $R(X,Y,Z)$ などは X,Y,Z などの有理関数，すなわち X,Y,Z などと実数から四則によって作った式を表すものとする．

1. $\displaystyle\int R\left(x, \sqrt[n]{\frac{ax+b}{cx+d}}\right)dx$ $(ad-bc \neq 0,\ n$ は 0 でない整数$)$.

$$\sqrt[n]{\frac{ax+b}{cx+d}} = t$$

とおけば，

$$x = \frac{dt^n - b}{-ct^n + a}, \qquad dx = \frac{n(ad-bc)t^{n-1}}{(-ct^n + a)^2}dt.$$

これを与えられた式に代入すれば，

$$\int R\left(x, \sqrt[n]{\frac{ax+b}{cx+d}}\right)dx = \int R\left(\frac{dt^n - b}{-ct^n + a}, t\right)\frac{n(ad-bc)t^{n-1}}{(-ct^n + a)^2}dt.$$

これは t の有理関数の積分である．

例 6.4 $\displaystyle\int \frac{dx}{\sqrt{(x-\alpha)(\beta-x)}}$ を求めよ．ただし $\alpha < \beta$ とする．

解 $t = \sqrt{\dfrac{x-\alpha}{\beta-x}}$ とおけば，$x = \dfrac{\alpha + \beta t^2}{t^2 + 1}, dx = \dfrac{2(\beta-\alpha)t}{(t^2+1)^2}dt$ である．したがって

$$I = \int \frac{1}{x-\alpha}\sqrt{\frac{x-\alpha}{\beta-x}}\,dx = \int \frac{t^2+1}{(\beta-\alpha)t^2}t^2\frac{2(\beta-\alpha)}{(t^2+1)^2}dt$$

$$= 2\int \frac{dt}{t^2+1} = 2\tan^{-1}t = 2\tan^{-1}\sqrt{\frac{x-\alpha}{\beta-x}}. \qquad \square$$

2. $\displaystyle\int R(x, \sqrt{ax^2 + bx + c})dx$ $(a \neq 0)$.

(1) $a > 0$ のとき．

$$\sqrt{ax^2 + bx + c} + \sqrt{a}\,x = t$$

とおく．$\sqrt{ax^2 + bx + c} = t - \sqrt{a}\,x$ より

$$ax^2 + bx + c = t^2 - 2\sqrt{a}\,tx + ax^2.$$

したがって

$$x = \frac{t^2 - c}{2\sqrt{a}\,t + b}, \quad \sqrt{ax^2 + bx + c} = t - \sqrt{a}\,x = \frac{\sqrt{a}\,t^2 + bt + \sqrt{a}\,c}{2\sqrt{a}\,t + b}.$$

これより

$$dx = \frac{2(\sqrt{a}\,t^2 + bt + \sqrt{a}\,c)}{(2\sqrt{a}\,t + b)^2}\,dt.$$

代入することによって求める積分は

$$I = \int R\left(\frac{t^2 - c}{2\sqrt{a}\,t + b},\, \frac{\sqrt{a}\,t^2 + bt + \sqrt{a}\,c}{2\sqrt{a}\,t + b}\right) \frac{2(\sqrt{a}\,t^2 + bt + \sqrt{a}\,c)}{(2\sqrt{a}\,t + b)^2}\,dt$$

となり t の有理関数の積分である．

(2) $a < 0$ のとき．

$b^2 - 4ac \leqq 0$ なら根号の中が正になることがないので考える必要はない．$b^2 - 4ac > 0$ のとき, $ax^2 + bx + c = 0$ の相異なる 2 根を $\alpha, \beta\,(\alpha < \beta)$ とする．そのとき

$$\sqrt{ax^2 + bx + c} = \sqrt{-a}\sqrt{(x-\alpha)(\beta - x)} = \sqrt{-a}(\beta - x)\sqrt{\frac{x-\alpha}{\beta - x}}$$

となり 1. に帰着する．

例題 6.2 次の積分を求めよ．$A \neq 0$ とする．

(1) $\displaystyle \int \frac{dx}{\sqrt{x^2 + A}}$ (2) $\displaystyle \int \sqrt{x^2 + A}\,dx$

解 (1) $\sqrt{x^2 + A} = t - x$ とおく．$x = \dfrac{t^2 - A}{2t}, \sqrt{x^2 + A} = \dfrac{t^2 + A}{2t}, dx = \dfrac{t^2 + A}{2t^2}\,dt$ より

$$\int \frac{dx}{\sqrt{x^2 + A}} = \int \frac{2t}{t^2 + A} \cdot \frac{t^2 + A}{2t^2}\,dt$$
$$= \int \frac{dt}{t} = \log|t| = \log|x + \sqrt{x^2 + A}|.$$

(2) 部分積分によって

$$\int \sqrt{x^2 + A}\,dx = x\sqrt{x^2 + A} - \int \frac{x^2}{\sqrt{x^2 + A}}\,dx$$
$$= x\sqrt{x^2 + A} - \int \frac{x^2 + A - A}{\sqrt{x^2 + A}}\,dx$$

$$= x\sqrt{x^2 + A} - \int \sqrt{x^2 + A}\,dx + A\int \frac{dx}{\sqrt{x^2 + A}}.$$
したがって (1) の結果を用いて
$$\int \sqrt{x^2 + A}\,dx = \frac{1}{2}(x\sqrt{x^2 + A} + A\log|x + \sqrt{x^2 + A}|).$$
□

3. $\displaystyle\int R(\cos x, \sin x)dx.$

$$\tan\frac{x}{2} = t \qquad (6.2)$$

とおくと $1 + t^2 = \sec^2\dfrac{x}{2}$ より

$$\cos x = 2\cos^2\frac{x}{2} - 1 = \frac{1 - t^2}{1 + t^2}, \quad \sin x = 2\sin\frac{x}{2}\cos\frac{x}{2} = \frac{2t}{1 + t^2},$$

$$dx = 2(\tan^{-1} t)'dt = \frac{2}{1 + t^2}\,dt$$

となるから，求める積分は

$$\int R(\cos x, \sin x)dx = \int R\left(\frac{1 - t^2}{1 + t^2}, \frac{2t}{1 + t^2}\right)\frac{2}{1 + t^2}\,dt$$

となり，t の有理関数の積分に変換される．

例題 6.3 次の積分を計算せよ．

(1) $\displaystyle\int \frac{dx}{\sin x}$　　(2) $\displaystyle\int \frac{\cos x}{1 + \cos x}\,dx$

解 求める不定積分を I とおく．

(1) $\tan\dfrac{x}{2} = t$ とおく．

$$I = \int \frac{\dfrac{2}{1 + t^2}}{\dfrac{2t}{1 + t^2}}\,dt = \int \frac{dt}{t} = \log|t|.$$

したがって

$$\boxed{\int \frac{dx}{\sin x} = \log\left|\tan\frac{x}{2}\right|.}$$

(2) 同じく $\tan\dfrac{x}{2}=t$ とおく.

$$I=\int\dfrac{\dfrac{1-t^2}{1+t^2}}{1+\dfrac{1-t^2}{1+t^2}}\dfrac{2dt}{1+t^2}=\int\dfrac{1-t^2}{1+t^2}\,dt=\int\left(\dfrac{2}{1+t^2}-1\right)dt$$

$$=2\tan^{-1}t-t=x-\tan\dfrac{x}{2}.\qquad\square$$

しかし，(6.2) とおくのは原理的に計算できるということであり，具体的な式によっては，$\sin x$, $\cos x$, $\tan x$ などを t とおくのが好都合な場合もある．

例題 6.4 次の積分を計算せよ．

(1) $\displaystyle\int \sin^5 x \cos^4 x\,dx$ (2) $\displaystyle\int \dfrac{\cos x}{4+\sin^2 x}\,dx$

解 (1) $\cos x=t$ とおけば $\sin x\,dx=-dt$ であるから

$$\int \sin^5 x\cos^4 x\,dx=-\int(1-t^2)^2 t^4\,dt$$

$$=-\int(t^8-2t^6+t^4)dt=-\dfrac{1}{9}\cos^9 x+\dfrac{2}{7}\cos^7 x-\dfrac{1}{5}\cos^5 x.$$

(2) $\sin x=t$ とおく．

$$\int\dfrac{\cos x}{4+\sin^2 x}\,dx=\int\dfrac{dt}{4+t^2}=\dfrac{1}{2}\tan^{-1}\dfrac{t}{2}=\dfrac{1}{2}\tan^{-1}\dfrac{\sin x}{2}.\qquad\square$$

■ 演習問題 6 ■

1. 次の関数を積分せよ．

(1) $\dfrac{2x+7}{x^2+x-2}$ (2) $\dfrac{1}{(x^2-9)(x^2+4)}$

(3) $\dfrac{\sqrt{x}}{x+1}$ (4) $\dfrac{1}{x^2-4x+29}$

(5) $\dfrac{x^3+x+1}{x^4+x^2}$ (6) $\dfrac{\sqrt[4]{x}}{\sqrt{x}+1}$

(7) $\dfrac{1}{x^2\sqrt{1-x^2}}$

(8) $\dfrac{x^3+x}{x^3-7x+6}$

2. 次の関数を積分せよ．

(1) $\sqrt{\dfrac{x-1}{2-x}}$

(2) $\sqrt{3-2x-x^2}$

(3) $\dfrac{x}{\sqrt{x^2+x+1}}$

(4) $\dfrac{1}{x+\sqrt{x^2-1}}$

3. 次の関数を積分せよ．

(1) $\dfrac{\sin x}{1+\sin x}$

(2) $\dfrac{1}{1+\cos x}$

(3) $\sqrt{1+\sin x}$

(4) $\tan^2 x$

第7章 定積分

本章のキーワード

定積分，区分求積法，リーマン和，微分積分学の基本定理，積分の平均値の定理

7.1 定積分

関数 $y = f(x)$ が区間 $[a, b]$ で定義されているとする．区間 $[a, b]$ を

$$a = x_0 < x_1 < x_2 < \cdots < x_{n-1} < x_n = b$$

となる $n+1$ 個の点 $x_0, x_1, \cdots, x_{n-1}, x_n$ をとって小区間 $[x_{i-1}, x_i]$ ($i = 1, 2, \cdots, n$) に分割する．この分割を Δ と名づけよう．小区間の長さが等しいことは要請しない．

各小区間 $[x_{i-1}, x_i]$ から一つずつ点 ξ_i を選ぶ．それを用いた和

$$R(f, \Delta, \{\xi_i\}) = \sum_{i=1}^{n} f(\xi_i)(x_i - x_{i-1}) \tag{7.1}$$

を考える．この和を**リーマン和**という．いま分割を細かくしよう．小区間の長さがすべて小さくなるように分割点を増やしていく．すなわち

$$\max_{1 \leqq i \leqq n} (x_i - x_{i-1}) \to 0$$

となる分割の列を考えるのである．そのときこのような分割列のとり方と ξ_i の選びかたによらずリーマン和 (7.1) が一定値 A に収束するならば，$f(x)$ は区間 $[a, b]$ で**積分可能**であるという．極限値 A を $y = f(x)$ の区間 $[a, b]$ における**定積分**，または a から b までの**積分**といい，

$$\int_a^b f(x)dx \tag{7.2}$$

と表す．

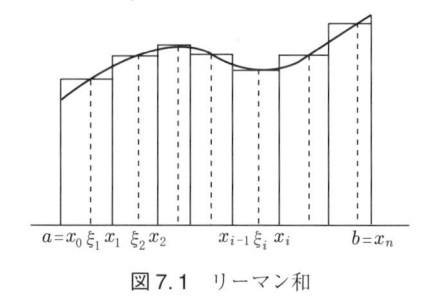

図 7.1 リーマン和

区間 $[a, b]$ において $f(x) \geqq 0$ のときリーマン和は図 7.1 で見るように短冊型の長方形を集めた図形の面積である．分割が細かくなればこの図形は，$y = 0$ と $y = f(x)$ にはさまれた $a \leqq x \leqq b$ の部分にある**縦線集合**とよばれる集合

$$\{(x, y) \,;\, a \leqq x \leqq b,\, 0 \leqq y \leqq f(x)\}$$

に近づいてくる．したがって定積分 (7.2) はこの縦線集合の面積を表す．

不定積分 $\int f(x)dx$ は x の関数である．しかし定積分 $\int_a^b f(x)dx$ は a, b のみで定まる一つの数値である．そこに現れる x は他の文字に置き換えてもよい．

$$\int_a^b f(x)dx = \int_a^b f(u)du = \int_a^b f(t)dt$$

などである．

定積分の値を直接リーマン和の極限として求める方法を**区分求積法**という．

例 7.1 定数関数 $f(x) = k$ に対しては，任意の分割 Δ と点列 $\{\xi_i\}$ に対して

$$R(f, \Delta, \{\xi_i\}) = \sum_{i=1}^n k(x_i - x_{i-1}) = k(b-a).$$

ゆえに

$$\int_a^b k\,dx = k(b-a).$$

例 7.2 $f(x) = x$ のとき，分割

$$\Delta : a = x_0 < x_1 < \cdots < b = x_n$$

に対するリーマン和は

$$R(f, \Delta, \{\xi_i\}) = \sum_{i=1}^{n} f(\xi_i)(x_i - x_{i-1}) = \sum_{i=1}^{n} \xi_i (x_i - x_{i-1})$$

である．また $|\Delta| = \max_i (x_i - x_{i-1})$ とおく．図 7.2 の台形 ABCD の面積を S とする．すると

$$|R(f, \Delta, \{\xi_i\}) - S| \leqq \frac{|\Delta|(b-a)}{2}$$

であるから，$|\Delta| \to 0$ のとき $R(f, \Delta, \{\xi_i\}) \to S = \dfrac{(b+a)(b-a)}{2}$ である．

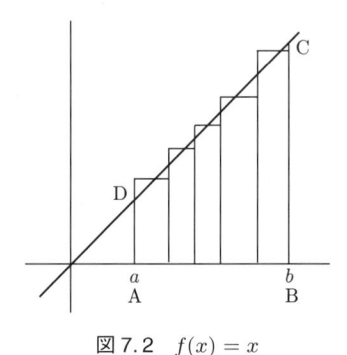

図 7.2 $f(x) = x$

ゆえに

$$\int_a^b x \, dx = \frac{1}{2}(b^2 - a^2).$$

例 7.3 区間 $[0, 1]$ において

$$f(x) = \begin{cases} 0 & (x : \text{有理数}) \\ 1 & (x : \text{無理数}) \end{cases}$$

とする．どんな小さな区間にも有理数も無理数もあるから，ξ として有理数だけを選べばリーマン和は 0 であり，無理数だけを選べば 1 になる．したがって極限値は存在せず，$f(x)$ は積分可能ではない． □

この例では $f(x)$ が不連続である．連続関数に対しては次の定理が知られている[2]．

---

2) 附章定理 A.22.

> **定理 7.1** 有界閉区間で連続な関数は積分可能である.

したがって連続関数については，区間を n 等分あるいは 2^n 等分したり，ξ_i としては区間の端点 x_{i-1} や x_i をとって，極限をとることによって求めることができる．以下では特に断らない限り，関数は考えている有界閉区間で連続であると仮定する．

例 7.4 区間 $[a, b]$ 上で $f(x) = x^2$ のとき，
$$\Delta : x_k = a + \frac{k}{n}(b-a) \ (k = 0, 1, 2, \cdots, n), \quad \xi_i = x_i$$
としてリーマン和を求める．
$$R(f, \Delta, \{\xi_i\}) = \frac{b-a}{n} \sum_{i=1}^{n} \left(a + \frac{i}{n}(b-a)\right)^2$$
$$= \frac{b-a}{n} \sum_{i=1}^{n} \left(a^2 + \frac{2a(b-a)i}{n} + \frac{(b-a)^2 i^2}{n^2}\right).$$
ここで
$$1 + 2 + \cdots + n = \frac{n(n+1)}{2}, \quad 1^2 + 2^2 + \cdots + n^2 = \frac{n(n+1)(2n+1)}{6}$$
を使えば
$$R(f, \Delta, \{\xi_i\})$$
$$= \frac{(b-a)}{n} \left\{ na^2 + a(b-a)(n+1) + \frac{(b-a)^2}{6n}(n+1)(2n+1) \right\}$$
$$= (b-a) \left\{ a^2 + a(b-a)\left(1 + \frac{1}{n}\right) + \frac{(b-a)^2}{6}\left(1 + \frac{1}{n}\right)\left(2 + \frac{1}{n}\right) \right\}$$
$$\to (b-a) \left\{ a^2 + a(b-a) + \frac{(b-a)^2}{3} \right\}$$
$$= (b-a)\frac{b^2 + ba + a^2}{3} = \frac{b^3 - a^3}{3} \quad (n \to \infty)$$
となる．

ゆえに
$$\int_a^b x^2 dx = \frac{b^3 - a^3}{3}.$$
□

和と極限の性質より

> **定理 7.2** (1) $\displaystyle\int_a^b \{f(x) \pm g(x)\}dx = \int_a^b f(x)dx \pm \int_a^b g(x)dx$
> (複号同順).
> (2) $\displaystyle\int_a^b kf(x)dx = k\int_a^b f(x)dx$ (k は定数).
> (3) $[a, b]$ で $f(x) \geqq 0$ ならば $\displaystyle\int_a^b f(x)dx \geqq 0$.

定理の (3) より $f(x) - g(x)$ を考えることにより,

> **系** 区間 $[a, b]$ で $f(x) \geqq g(x)$ ならば
> $$\int_a^b f(x)dx \geqq \int_a^b g(x)dx.$$

さらに $-|f(x)| \leqq f(x) \leqq |f(x)|$ より

> **系**
> $$\left|\int_a^b f(x)dx\right| \leqq \int_a^b |f(x)|\,dx.$$

$a < b$ に対して定積分を考えたが, $b \leqq a$ のときは
$$\int_a^b f(x)dx = \begin{cases} -\displaystyle\int_b^a f(x)dx & (b < a) \\ 0 & (a = b) \end{cases}$$
と定義する.

$a < c < b$ であるとき, $[a, b]$ の分割点に c を付け加えれば, $[a, b]$ におけるリーマン和は $[a, c]$ におけるリーマン和と $[c, b]$ におけるリーマン和の和となり, 極限をとればそれぞれの区間における定積分の和となる. 一般的には a, b, c の大小に

関係なく次の定理が成り立つ．

定理 7.3
$$\int_a^b f(x)dx = \int_a^c f(x)dx + \int_c^b f(x)dx.$$

実際，例えば $a<b<c$ のときは
$$\int_a^c f(x)dx = \int_a^b f(x)dx + \int_b^c f(x)dx$$
より
$$\int_a^b f(x)dx = \int_a^c f(x)dx - \int_b^c f(x)dx = \int_a^c f(x)dx + \int_c^b f(x)dx$$
となるからである．

原点に関して対称な区間における積分についての次の定理は有用である．

定理 7.4 連続な関数 $f(x)$ について
(1) $f(x)$ が偶関数，すなわち $f(-x)=f(x)$ ならば
$$\int_{-a}^a f(x)dx = 2\int_0^a f(x)dx.$$
(2) $f(x)$ が奇関数，すなわち $f(-x)=-f(x)$ ならば
$$\int_{-a}^a f(x)dx = 0.$$

定理 7.2 で負にならない関数の積分値は負にならないことを見た．連続関数については次の定理が成り立つ．

定理 7.5 $f(x)$ が $[a,b]$ で連続であって $f(x) \geqq 0$ とする．もし
$$\int_a^b f(x)dx = 0$$
であれば $f(x)=0$ $(a \leqq x \leqq b)$ である．

証明 いま仮に $f(c) > 0$ となる $c \in [a, b]$ があるとしてみる. $a < c < b$ ならば十分小さい δ ($0 < \delta < \min\{c-a, b-c\}$) をとれば, $|x-c| < \delta$ ならば $f(x) > \dfrac{f(c)}{2}$ とできる. そのとき

$$\int_a^b f(x)dx = \int_a^{c-\delta} f(x)dx + \int_{c-\delta}^{c+\delta} f(x)dx + \int_{c+\delta}^b f(x)dx$$

$$\geqq \int_{c-\delta}^{c+\delta} f(x)dx$$

$$\geqq \int_{c-\delta}^{c+\delta} \frac{f(c)}{2} dx = f(c)\delta > 0$$

となり矛盾が生ずる. $c = a$ または $c = b$ のときも同様に証明できる. したがって $f(x) = 0$ でなければならない. ∎

7.2 微分積分学の基本定理

$f(x)$ が $[a, b]$ において連続で $f(x) \geqq 0$ とすれば, 定積分

$$\int_a^b f(x)dx$$

は $y = 0$, $y = f(x)$, $x = a$, $x = b$ で囲まれた図形の面積を表すが, 次の定理は, その面積が適当な $c \in [a, b]$ をとれば底辺が $b - a$, 高さ $f(c)$ の長方形の面積に等しいことをいう.

定理 7.6（積分の平均値の定理） 関数 $f(x)$ は閉区間 $[a, b]$ で連続ならば, 開区間 (a, b) に適当な c をとれば

$$\int_a^b f(x)dx = f(c)(b - a).$$

証明 $f(x)$ は有界閉区間 $[a, b]$ で連続であるから, 最大値と最小値をとる (附章定理 A.13 参照). $f(a_1) = M$ が最大値, $f(b_1) = m$ が最小値であるとする. $a \leqq a_1 < b_1 \leqq b$ または $a \leqq b_1 < a_1 \leqq b$ である. $m \leqq f(x) \leqq M$ であるから

$$m(b - a) \leqq \int_a^b f(x)dx \leqq M(b - a)$$

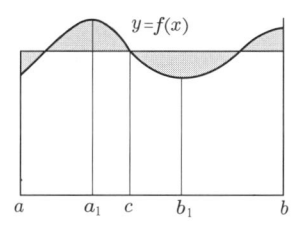

図 7.3 積分の平均値の定理

より

$$f(b_1) = m \leqq \frac{1}{b-a} \int_a^b f(x)dx \leqq f(a_1) = M$$

である.したがって中間値の定理 (附章定理 A.14) より,a_1 と b_1 の間のある c において

$$f(c) = \frac{1}{b-a} \int_a^b f(x)dx$$

となる. ∎

関数 $f(x)$ は区間 $[a, b]$ で連続であるとする.$f(x)$ の区間 $[a, x]$ における定積分を $F(x)$ とする:

$$F(x) = \int_a^x f(t)dt.$$

$F(x)$ を微分してみよう.$a < x < b$ とし,$h \neq 0$ は $|h|$ が十分小とする.

$$\frac{F(x+h) - F(x)}{h} = \frac{1}{h}\left(\int_a^{x+h} f(t)dt - \int_a^x f(t)dt\right)$$

$$= \frac{1}{h}\int_x^{x+h} f(t)dt.$$

積分の平均値の定理によって

$$\int_x^{x+h} f(t)dt = f(x+\theta h)h$$

となる $\theta(0 < \theta < 1)$ がある.したがって $f(x)$ の連続性より

$$\frac{F(x+h) - F(x)}{h} = f(x+\theta h) \to f(x) \quad (h \to 0).$$

こうして次の定理が証明された.この定理は微分積分学の基本定理とよばれる.

図 7.4

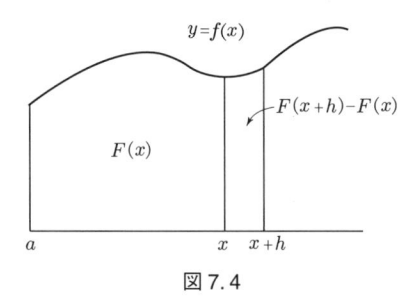

定理 7.7（微分積分学の基本定理） 関数 $f(x)$ が $[a, b]$ で連続であれば，関数
$$F(x) = \int_a^x f(t)dt$$
は (a, b) で微分可能であって
$$F'(x) = f(x).$$

この定理から，原始関数から定積分を求めることができる．

定理 7.8 連続関数 $f(x)$ の原始関数の一つを $F(x)$ とすれば
$$\int_a^b f(x)dx = F(b) - F(a).$$

証明 $\int_a^x f(t)dt$ も $f(x)$ の一つの原始関数であるから

$$\int_a^x f(t)dt = F(x) + C$$

となる定数 C がある (定理 3.1)．$x = a$ とすれば $\int_a^a f(t)dt = 0$ であるから

$$0 = F(a) + C, \quad \text{ゆえに } C = -F(a).$$

したがって
$$\int_a^x f(x)dx = F(x) - F(a)$$

である．ここで $x = b$ とおけば求める式である．

$F(b) - F(a)$ を記号で $\left[F(x)\right]_a^b$ と表す．すると

$$\int_a^b f(x)dx = \left[F(x)\right]_a^b$$

と書くことができる．

例題 7.1 次の定積分の値を求めよ．

(1) $\displaystyle\int_0^2 \frac{dx}{\sqrt{4x+1}}$ (2) $\displaystyle\int_0^2 \frac{dx}{x^2+4}$

解 (1) $\displaystyle\int_0^2 \frac{dx}{\sqrt{4x+1}} = \frac{1}{4}\frac{2}{1}\left[(4x+1)^{\frac{1}{2}}\right]_0^2 = 1.$

(2) $\displaystyle\int_0^2 \frac{dx}{x^2+4} = \left[\frac{1}{2}\tan^{-1}\frac{x}{2}\right]_0^2 = \frac{\tan^{-1} 1}{2} = \frac{\pi}{8}.$ □

7.3 部分積分法・置換積分法

定積分の計算においても部分積分法，置換積分法が有効である．

定理 7.9（部分積分法） 関数 $f(x)$ と $g(x)$ が $[a, b]$ で連続な導関数をもてば

$$\int_a^b f'(x)g(x)dx = \left[f(x)g(x)\right]_a^b - \int_a^b f(x)g'(x)dx.$$

証明 これは不定積分の部分積分法 (定理 3.7) において b での値から a での値を引けばよい． ∎

例題 7.2 次の定積分を求めよ．

(1) $\displaystyle\int_0^{\frac{\pi}{2}} x\sin x\, dx$ (2) $\displaystyle\int_1^2 x^2 \log x\, dx$

解 (1) $f'(x) = \sin x$, $g(x) = x$ とすれば $f(x) = -\cos x$, $g'(x) = 1$ であるから

$$\int_0^{\frac{\pi}{2}} x \sin x \, dx = -\Big[x \cos x \Big]_0^{\frac{\pi}{2}} + \int_0^{\frac{\pi}{2}} \cos x \, dx$$
$$= \Big[\sin x \Big]_0^{\frac{\pi}{2}} = 1.$$

(2) $f'(x) = x^2$, $g(x) = \log x$ とすれば $f(x) = \dfrac{x^3}{3}$, $g'(x) = \dfrac{1}{x}$ であるから

$$\int_1^2 x^2 \log x \, dx = \Big[\frac{x^3}{3} \log x \Big]_1^2 - \frac{1}{3} \int_1^2 x^2 \, dx$$
$$= \frac{8 \log 2}{3} - \frac{1}{3} \Big[\frac{x^3}{3} \Big]_1^2 = \frac{8 \log 2}{3} - \frac{7}{9}. \quad \Box$$

定理 7.10（置換積分法） 関数 $x = \varphi(t)$ は区間 $[\alpha, \beta]$ で微分可能で導関数が連続，$a = \varphi(\alpha)$, $b = \varphi(\beta)$ であり，$f(x)$ が a, b を含む区間で連続であるとする．そのとき，

$$\int_a^b f(x) dx = \int_\alpha^\beta f(\varphi(t)) \varphi'(t) dt.$$

証明 $f(x)$ の原始関数を $F(x)$ とする．

$$\int_a^b f(x) dx = F(b) - F(a)$$

である．一方では

$$\frac{d}{dt} F(\varphi(t)) = F'(\varphi(t)) \varphi'(t) = f(\varphi(t)) \varphi'(t)$$

であるから，

$$\int_\alpha^\beta f(\varphi(t)) \varphi'(t) dt = \Big[F(\varphi(t)) \Big]_\alpha^\beta = F(\varphi(\beta)) - F(\varphi(\alpha)) = F(b) - F(a)$$

となって定理が成立する． ∎

例題 7.3 次の定積分を求めよ．

(1) $\displaystyle\int_0^1 x\sqrt{1-x}\, dx$ \quad (2) $\displaystyle\int_{-a}^a \sqrt{a^2 - x^2}\, dx \ (a > 0)$

解 (1) $\sqrt{1-x} = t$ とおけば，$0 \leqq x \leqq 1$ に対して $1 \geqq t \geqq 0$ であり，$x = 1 - t^2$

かつ $dx = -2t\,dt$. したがって
$$\int_0^1 x\sqrt{1-x}\,dx = \int_1^0 (1-t^2)t\cdot(-2t)dt = 2\int_0^1 (t^2 - t^4)dt$$
$$= 2\Big[\frac{t^3}{3} - \frac{t^5}{5}\Big]_0^1 = \frac{4}{15}.$$

(2) $x = a\sin t$ とおけば $-a \leqq x \leqq a$ に対して $-\frac{\pi}{2} \leqq t \leqq \frac{\pi}{2}$ であって
$$dx = a\cos t\,dt.$$

ゆえに
$$\int_{-a}^a \sqrt{a^2 - x^2}\,dx = \int_{-\frac{\pi}{2}}^{\frac{\pi}{2}} a^2\cos^2 t\,dt = a^2\int_{-\frac{\pi}{2}}^{\frac{\pi}{2}} \frac{1 + \cos 2t}{2}\,dt$$
$$= a^2\Big[\frac{t}{2} + \frac{\sin 2t}{4}\Big]_{-\frac{\pi}{2}}^{\frac{\pi}{2}} = \frac{\pi a^2}{2}.$$ □

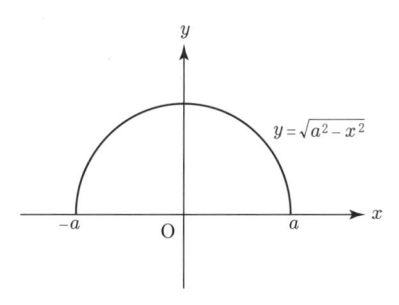

図 7.5　$y = \sqrt{a^2 - x^2}$

演習問題 7

1. 次の定積分の値を求めよ．

(1) $\displaystyle\int_1^2 3x^2\,dx$

(2) $\displaystyle\int_0^2 \frac{dx}{2x+1}$

(3) $\displaystyle\int_1^2 \frac{dx}{\sqrt{x}}$

(4) $\displaystyle\int_0^2 \cos\Big(\frac{2\pi}{3}x\Big)dx$

(5) $\displaystyle\int_0^{\frac{\pi}{4}} \tan^2 x \, dx$ (6) $\displaystyle\int_0^1 (e^x - e^{-x}) dx$

2. 次の定積分の値を求めよ．

(1) $\displaystyle\int_0^1 \frac{\sqrt[4]{x}}{\sqrt{x}+1} dx$ (2) $\displaystyle\int_0^3 \frac{x}{\sqrt{4-x}} dx$

(3) $\displaystyle\int_0^{\pi} \sin^5 x \, dx$ (4) $\displaystyle\int_0^{\frac{\pi}{2}} \frac{\cos x}{1+\cos x} dx$

(5) $\displaystyle\int_1^2 (x+1)e^x dx$ (6) $\displaystyle\int_0^1 \sin^{-1} x \, dx$

(7) $\displaystyle\int_0^{\frac{\pi}{2}} e^{-x} \cos x \, dx$ (8) $\displaystyle\int_1^e x \log x \, dx$

3. n を 2 以上の整数とするとき，次の等式を証明せよ．

$$\int_0^{\frac{\pi}{2}} \sin^n x \, dx = \int_0^{\frac{\pi}{2}} \cos^n x \, dx$$
$$= \begin{cases} \dfrac{n-1}{n} \cdot \dfrac{n-3}{n-2} \cdots \dfrac{1}{2} \cdot \dfrac{\pi}{2} & (n：偶数), \\ \dfrac{n-1}{n} \cdot \dfrac{n-3}{n-2} \cdots \dfrac{4}{5} \cdot \dfrac{2}{3} & (n：奇数) \end{cases}$$

第8章 平均値の定理

本章のキーワード

平均値の定理,ロルの定理,コーシーの平均値の定理,不定形の極限値

8.1 平均値の定理

関数の導関数を変動に応用するに際して重要になるのが,**平均値の定理**である.

> **定理 8.1(平均値の定理)** 関数 $f(x)$ は閉区間 $[a,b]$ で連続で,開区間 (a,b) で微分可能であるとする.そのとき,
> $$\frac{f(b)-f(a)}{b-a} = f'(c) \tag{8.1}$$
> となるような c が区間 (a,b) に少なくとも一つ存在する.

証明 まず $f(a)=f(b)=0$ のときに証明する.$f(x)$ が $[a,b]$ において恒等的に零のときは,c として $a<c<b$ をみたすどんな c をとっても (8.1) をみたす.

$f(x)>0$ となる $x\in(a,b)$ があるときは,$f(x)$ が $[a,b]$ においてとる最大値を $f(c)$ とすれば,$f(c)$ は正であり $a<c<b$ である.任意の $x\in[a,b]$ に対して
$$f(x) - f(c) \leqq 0$$
であるから $x<c$ ならば
$$\frac{f(x)-f(c)}{x-c} \geqq 0.$$
ここで $x \to c-0$ とすれば,$f'(c) \geqq 0$.また $x>c$ とすれば

$$\frac{f(x)-f(c)}{x-c} \leqq 0$$

であるから，$x \to c+0$ とすれば，$f'(c) \leqq 0$. ゆえに $f'(c) = 0$ となる．

$[a,b]$ において常に $f(x) \leqq 0$ で $f(x) < 0$ となる x があるときは，$-f(x)$ に上の結果を当てはめればよい．

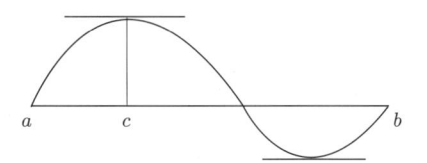

図 8.1　平均値の定理 $f(a) = f(b)$ の場合

$f(a) = f(b) = 0$ とは限らない一般の場合は

$$F(x) = f(x) - f(a) - \frac{f(b)-f(a)}{b-a}(x-a)$$

とおけば，$F(x)$ は $F(a) = F(b) = 0$ をみたし，$[a,b]$ で連続，(a,b) で微分可能である．したがって $a < c < b$ で $F'(c) = 0$ となる c がある．すると，

$$0 = F'(c) = f'(c) - \frac{f(b)-f(a)}{b-a}$$

であるから

$$f'(c) = \frac{f(b)-f(a)}{b-a}$$

となって証明が終わる．∎

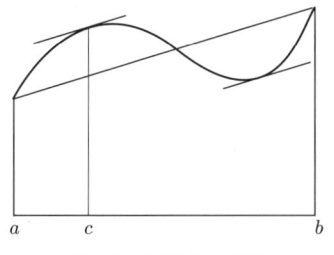

図 8.2　平均値の定理

平均値の定理はラグランジュによるもので，ラグランジュの平均値の定理ともよばれる．証明中に現れた平均値の定理の $f(a) = f(b)$ の場合を**ロルの定理**という．(8.1) の左辺は $f(x)$ の $[a,b]$ における平均変化率である．したがって，平均

値の定理は平均変化率に等しい瞬間変化率となる点が必ずあるといっている．また幾何学的には 2 点 $(a, f(a))$ と $(b, f(b))$ を通る直線に平行な接線をもつ点がグラフ上に存在することを保証している．

例題 8.1 次の関数と区間に対して平均値の定理 8.1 に現れる c を求めよ．

(1) $f(x) = x^2$　$[0, 1]$　　　(2) $f(x) = \sqrt{x}$　$[0, 1]$

(3) $f(x) = x^2 - 3x + 2$　$[0, 2]$

解　(1) $f(1) - f(0) = 1 = f'(c) = 2c$ より $c = \dfrac{1}{2}$．

(2) $f(1) - f(0) = 1 = f'(c) = \dfrac{1}{2\sqrt{c}}$ より $c = \dfrac{1}{4}$．

(3) $\dfrac{f(2) - f(0)}{2} = -1 = f'(c) = 2c - 3$ より $c = 1$．　　□

平均値の定理は $a < b$ であることを仮定している．しかし (8.1) 自身は $b < a$ のときも $b < c < a$ となる，ある c に対して成り立つ．このことを次の系としておこう．

系　関数 $f(x)$ は区間 I で微分可能とする．$x, a \in I$ とすれば，a と x の間に
$$f(x) = f(a) + f'(\xi)(x - a)$$
となる ξ がある．

また，定理において，a と b の間の c が存在することと，$c - a = \theta(b - a)$ $(0 < \theta < 1)$ となる θ があることは同値である．$b - a = h$ とおいて次の系を得る．

系　関数 $f(x)$ が区間 I で微分可能ならば，任意の $a, a + h \in I$ に対して
$$f(a + h) = f(a) + f'(a + \theta h)h \tag{8.2}$$
となる $\theta (0 < \theta < 1)$ が存在する．

平均値の定理より直ちに，定数関数の導関数は恒等的に零であるということの

逆の命題が得られる.

> **系** 関数 $f(x)$ は $[a, b]$ で連続, (a, b) で微分可能であるとする. もし, すべての $x \in (a, b)$ において $f'(x) = 0$ ならば, $f(x)$ は $[a, b]$ で定数である.

証明 $x \in (a, b]$ とする. 平均値の定理より
$$f(x) = f(a) + f'(c)(x - a) \quad (a < c < x)$$
となる c がある. ところが $f'(c) = 0$ であるから, $f(x) = f(a)$ が任意の x について成り立ち, $f(x)$ は定数であることが分かる. ∎

この系により一つの関数の原始関数は定数だけの和を除いて一意的であることが保証される (定理 3.1). 平均値の定理は次のように一般化される.

> **定理 8.2 (コーシーの平均値の定理)** 関数 $f(x)$, $g(x)$ は区間 $[a, b]$ において連続, 区間 (a, b) において微分可能で, 常に $g'(x) \neq 0$ とする. そのとき
> $$\frac{f(b) - f(a)}{g(b) - g(a)} = \frac{f'(c)}{g'(c)}$$
> をみたす c が区間 (a, b) に存在する.

証明
$$F(x) = f(x) - f(a) - \frac{f(b) - f(a)}{g(b) - g(a)}\{g(x) - g(a)\}$$
とおくと, $F(x)$ は $F(a) = F(b) = 0$ をみたし, 平均値の定理の条件をみたす. したがって,
$$F'(c) = 0$$
となる c が (a, b) にある.
$$F'(x) = f'(x) - \frac{f(b) - f(a)}{g(b) - g(a)} g'(x)$$
であるから, c が定理の式をみたす c である. ∎

$g(x) = x$ のときが平均値の定理である．

8.2 不定形の極限

$x \to a$ となるとき，二つの関数 $f(x)$ と $g(x)$ がともに 0 に収束するとする．そのとき分数 $\dfrac{f(x)}{g(x)}$ は分子，分母の極限値をとってから計算すると $\dfrac{0}{0}$ となってしまい，許されない．しかし，それぞれの 0 に収束する速さによって，分数の極限はさまざまな場合がある．そのほかに $\dfrac{\infty}{\infty}$, $\infty - \infty$, $\infty \cdot 0$, 1^∞, ∞^0 なども不都合であるが，極限が存在する場合がある．これらを**不定形**という．簡単な例で説明する．

例 8.1 $x \to 0$ のとき，$x^2 \to 0$, $x^3 \to 0$ であるが，
$$\frac{x^2}{x} \to 0,$$
$$\frac{x^2}{x^2} \to 1,$$
$$\frac{x}{x^3} \to \infty.$$
□

これらは一見して結論の分かる例であるが，
$$\lim_{x \to 0} \frac{1 - \cos x}{x^2} = \frac{1}{2}$$
となるが，これは一見しては分からない．実は分子が $x^2/2$ と同じ速さで 0 に収束することによる．次の定理は不定形の極限を求める有力な道具となる．

定理 8.3（ロピタルの定理） 関数 $f(x)$ と $g(x)$ は $x = a$ の近くで連続，かつ $x \neq a$ において微分可能で，$g'(x) \neq 0$ とする．もし $f(a) = g(a) = 0$ で，$x \to a$ のときの $\dfrac{f'(x)}{g'(x)}$ の極限が存在すれば，
$$\lim_{x \to a} \frac{f(x)}{g(x)} = \lim_{x \to a} \frac{f'(x)}{g'(x)}.$$

証明 コーシーの平均値の定理によって a と x の間の適当な c によって

$$\frac{f(x)-f(a)}{g(x)-g(a)} = \frac{f'(c)}{g'(c)}.$$

ところが $f(a) = g(a) = 0$ であるから，

$$\frac{f(x)}{g(x)} = \frac{f'(c)}{g'(c)}.$$

この式で $x \to a$ とすれば $c \to a$ であるから，定理の式が得られる. ∎

証明から分かるように，定理は片側極限値についても同じ形で成り立つ.
$x \to \infty$ のときも定理と同じ形で次の系が得られる.

系 関数 $f(x), g(x)$ は十分大きい x について微分可能で $g'(x) \neq 0$ であり，$x \to \infty$ のとき $f(x) \to 0, g(x) \to 0$ とする. もし，$x \to \infty$ のときの $\dfrac{f'(x)}{g'(x)}$ の極限が存在すれば，

$$\lim_{x \to \infty} \frac{f(x)}{g(x)} = \lim_{x \to \infty} \frac{f'(x)}{g'(x)}.$$

証明 いま，

$$F(x) = f\left(\frac{1}{x}\right), \quad G(x) = g\left(\frac{1}{x}\right), \quad F(0) = G(0) = 0$$

とおけば，

$$\lim_{x \to +0} F(x) = \lim_{x \to +0} G(x) = 0$$

となり，$G'(x) = -\dfrac{g'(1/x)}{x^2}$ であるから，十分小さい $x > 0$ では $G'(x) \neq 0$ となり，ロピタルの定理を $F(x), G(x), a = 0$ に当てはめることができる.

$$\lim_{x \to \infty} \frac{f(x)}{g(x)} = \lim_{x \to +0} \frac{F(x)}{G(x)} = \lim_{x \to +0} \frac{F'(x)}{G'(x)}$$
$$= \lim_{x \to +0} \frac{-f'(1/x)/x^2}{-g'(1/x)/x^2} = \lim_{x \to +0} \frac{f'(1/x)}{g'(1/x)} = \lim_{x \to \infty} \frac{f'(x)}{g'(x)}. \quad ∎$$

この系は $x \to -\infty$ のときもまったく同様に成り立つ．次の定理とその系もロピタルの定理と同様に成り立つが，証明は附章で行う.

定理 8.4 関数 $f(x)$ は $x = a$ の近くで $x \neq a$ のとき微分可能であって，$x \to a$ のとき $f(x) \to \infty$, $g(x) \to \infty$ であるとする．もし $x \to a$ のとき $\dfrac{f'(x)}{g'(x)}$ の極限が存在すれば，

$$\lim_{x \to a} \frac{f(x)}{g(x)} = \lim_{x \to a} \frac{f'(x)}{g'(x)}.$$

系 関数 $f(x), g(x)$ は十分大きい x について微分可能で $g'(x) \neq 0$ であり，$x \to \infty$ のとき $f(x) \to \infty$, $g(x) \to \infty$ とする．もし，$x \to \infty$ のときの $\dfrac{f'(x)}{g'(x)}$ の極限が存在すれば，

$$\lim_{x \to \infty} \frac{f(x)}{g(x)} = \lim_{x \to \infty} \frac{f'(x)}{g'(x)}.$$

例題 8.2 次の極限値を求めよ．

(1) $\displaystyle\lim_{x \to 0} \frac{e^x - e^{-x}}{x}$ 　　(2) $\displaystyle\lim_{x \to 0} \frac{x - \log(1+x)}{x^2}$

(3) $\displaystyle\lim_{x \to \infty} x\left(\frac{\pi}{2} - \tan^{-1} x\right)$ 　　(4) $\displaystyle\lim_{x \to +0} x^x$

解 (1) $\displaystyle\lim_{x \to 0} \frac{e^x - e^{-x}}{x} = \lim_{x \to 0}(e^x + e^{-x}) = 2.$

(2) $\displaystyle\lim_{x \to 0} \frac{x - \log(1+x)}{x^2} = \lim_{x \to 0} \frac{1 - \dfrac{1}{1+x}}{2x} = \lim_{x \to 0} \frac{1}{2(1+x)} = \frac{1}{2}.$

(3) $\displaystyle\lim_{x \to \infty} x\left(\frac{\pi}{2} - \tan^{-1} x\right) = \lim_{x \to \infty} \frac{\left(\dfrac{\pi}{2} - \tan^{-1} x\right)}{\dfrac{1}{x}} = \lim_{x \to \infty} \frac{-\dfrac{1}{1+x^2}}{-\dfrac{1}{x^2}}$

$= \displaystyle\lim_{x \to \infty} \frac{1}{\dfrac{1}{x^2} + 1} = 1.$

(4) $y = x^x$ とおけば $\log y = x \log x$. ゆえに

$$\lim_{x\to +0}\log y = \lim_{x\to +0}\frac{\log x}{\frac{1}{x}} = \lim_{x\to +0}\frac{\frac{1}{x}}{-\frac{1}{x^2}} = \lim_{x\to +0}(-x) = 0.$$

したがって

$$\lim_{x\to +0} x^x = 1.$$

例題 8.3 $a > 0$ のとき次の極限値を求めよ．

(1) $\displaystyle\lim_{x\to\infty}\frac{\log x}{x^a}$ \qquad (2) $\displaystyle\lim_{x\to\infty}\frac{x^a}{e^x}$

解 (1) $\displaystyle\lim_{x\to\infty}\frac{\log x}{x^a} = \lim_{x\to\infty}\frac{1/x}{ax^{a-1}} = \lim_{x\to\infty}\frac{1}{ax^a} = 0.$

(2) $n-1 < a \leqq n$ となる自然数 n をとる．

$$\lim_{x\to\infty}\frac{x^a}{e^x} = \lim_{x\to\infty}\frac{ax^{a-1}}{e^x} = \cdots = \lim_{x\to\infty}\frac{a(a-1)\cdots(a-n+1)x^{a-n}}{e^x} = 0.$$

□

この例題から $n\to\infty$ のとき，定数ではないどんな多項式 (の絶対値) も $\log x$ より速く ∞ に発散し，e^x はどんな多項式よりも速く ∞ に発散するることが分かる．

━━━ 演習問題 8 ━━━

1. 次の極限値を求めよ．

(1) $\displaystyle\lim_{x\to 3}\frac{x^3-x^2-7x+3}{x^3-8x-3}$ \qquad (2) $\displaystyle\lim_{x\to 0}\frac{x-\sin x}{x^3}$

(3) $\displaystyle\lim_{x\to 1}\frac{\log x}{3-4x+x^2}$ \qquad (4) $\displaystyle\lim_{x\to 0}\frac{\tan^{-1}x - x}{x^3}$

(5) $\displaystyle\lim_{x\to\frac{\pi}{2}}\left(\tan x - \frac{1}{\cos x}\right)$ \qquad (6) $\displaystyle\lim_{x\to 1}(2-x)^{\frac{1}{x-1}}$

(7) $\displaystyle\lim_{x\to 0}\left(\frac{a^x+b^x}{2}\right)^{\frac{1}{x}}\ (a, b > 0)$ \qquad (8) $\displaystyle\lim_{x\to\infty}\left\{x - x^2\log\left(1+\frac{1}{x}\right)\right\}$

2. x の関数 u が $x\to a$ のとき $u\to 0$ ならば，$(x\to a$ のとき$)$ u は**無限小**といった (第 1 章 §3)．二つの無限小 u と v に対して

$$\lim_{x \to a} \frac{u}{v} = r$$

となるとき，$r = 0$ ならば u は v より**高位**の，$r \neq 0$ ならば**同位**の無限小という．$(x-a)^\alpha$ と同位の無限小を α 位の無限小という．$x \to 0$ のとき次の関数は何位の無限小か．

(1)　$\sinh x - x$ 　　　　　(2)　$\log(1 + x^2) - x^2$

第9章 テイラーの定理

本章のキーワード
高階導関数,ライプニッツの公式,テイラーの定理,剰余項

9.1 高階導関数

関数 $y = f(x)$ の導関数 $y' = f'(x)$ がまた微分可能のとき,その導関数を $f''(x)$ と表し,$f(x)$ の**第 2 次導関数**あるいは **2 階導関数**という.さらに $f''(x)$ が微分可能ならば,その導関数を $f'''(x)$ と表し第 3 次導関数という.このようにして一般に**第 n 次導関数 (n 階導関数)** $f^{(n)}(x)$ が

$$y^{(n-1)} = f^{(n-1)}(x)$$

の導関数として定義される.ここで

$$f^{(0)}(x) = f(x), \quad f^{(1)}(x) = f'(x), \quad f^{(2)}(x) = f''(x), \quad f^{(3)}(x) = f'''(x)$$

である.$f^{(n)}(x)$ はまた

$$y^{(n)}, \quad \frac{d^n y}{dx^n}, \quad \frac{d^n}{dx^n} f(x)$$

などと表される.n 次導関数が存在するとき,関数は n **回微分可能**であるという.ある区間において $f(x)$ が n 回微分可能で,第 n 次導関数 $f^{(n)}(x)$ が連続であるとき,$f(x)$ はその区間で C^n 級であるという.

関数 $f(x)$ がある区間で何回でも微分可能なとき,そこで**無限回微分可能**,あるいは C^∞ 級であるという.

例 9.1 $y = x^\alpha$ ならば $y' = \alpha x^{\alpha-1}$ であるから,

$$(x^\alpha)^{(n)} = \begin{cases} \alpha(\alpha-1)\cdots(\alpha-n+1)x^{\alpha-n} & (\alpha \neq 0, 1, 2, \cdots, n-1) \\ 0 & (\alpha = 0, 1, 2, \cdots, n-1) \end{cases}$$

となる.

例 9.2 $(\log x)' = \dfrac{1}{x}$ と例 9.1 より

$n > 0$ のとき
$$(\log x)^{(n)} = (-1)^{n-1}\frac{(n-1)!}{x^n}.$$

例 9.3 $(e^x)' = e^x$ より

$$(e^x)^{(n)} = e^x.$$

例 9.4 $(\sin x)' = \cos x = \sin\left(x + \dfrac{\pi}{2}\right)$, $(\cos x)' = -\sin x = \cos\left(x + \dfrac{\pi}{2}\right)$ より

$$(\sin x)^{(n)} = \sin\left(x + \frac{n\pi}{2}\right), \qquad (\cos x)^{(n)} = \cos\left(x + \frac{n\pi}{2}\right).$$

例 9.5 $(\sinh x)' = \cosh x$, $(\cosh x)' = \sinh x$ より

$$(\sinh x)^{(n)} = \begin{cases} \cosh x & (n = 2m+1) \\ \sinh x & (n = 2m) \end{cases},$$

$$(\cosh x)^{(n)} = \begin{cases} \sinh x & (n = 2m+1) \\ \cosh x & (n = 2m) \end{cases}.$$

ライプニッツの公式

2項定理は第4章で述べた (定理 4.1) が, n 個のものから r 個選ぶ組み合わせの数は **2項係数**

$$\binom{n}{r} = {}_nC_r = \frac{n(n-1)\cdots(n-r+1)}{r!} = \frac{n!}{r!(n-r)!}$$

である. 2項係数の n を一般の実数 α に拡張したものも2項係数とよんで

$$\binom{\alpha}{r} = \frac{\alpha(\alpha-1)\cdots(\alpha-r+1)}{r!}, \quad \binom{\alpha}{0} = 1$$

と表す. ただし r は負でない整数である. 2項係数について次の公式は第4章で示したが, 一般の α に対してもまったく同様に示される.

$$\binom{\alpha-1}{k-1} + \binom{\alpha-1}{k} = \binom{\alpha}{k}. \tag{9.1}$$

一般化された2項定理については後に述べる.

定理 9.1 (ライプニッツの公式) 関数 $f(x)$ と $g(x)$ が n 回微分可能ならば,

$$\{f(x)g(x)\}^{(n)} = \sum_{k=0}^{n} \binom{n}{k} f^{(n-k)}(x) g^{(k)}(x). \tag{9.2}$$

証明 $n=1$ のとき, 積の導関数の公式 $\{f(x)g(x)\}' = f'(x)g(x) + f(x)g'(x)$ が等式 (9.2) に他ならない. $n-1$ のとき, 定理は正しいと仮定する. $f(x)$ と $g(x)$ が n 回微分可能であれば, $n-1$ の式

$$\{f(x)g(x)\}^{(n-1)} = \sum_{k=0}^{n-1} \binom{n-1}{k} f^{(n-1-k)}(x) g^{(k)}(x)$$

の両辺を微分し，(9.1) を用いることによって

$$\{f(x)g(x)\}^{(n)}$$
$$= \sum_{k=0}^{n-1} \binom{n-1}{k} \{f^{(n-1-k+1)}(x) g^{(k)}(x) + f^{(n-1-k)}(x) g^{(k+1)}(x)\}$$
$$= f^{(n)}g(x) + \sum_{k=1}^{n-1} \left(\binom{n-1}{k} + \binom{n-1}{k-1} \right) f^{(n-k)}(x) g^{(k)}(x) + f(x)g^{(n)}(x)$$
$$= \sum_{k=0}^{n} \binom{n}{k} f^{(n-k)}(x) g^{(k)}(x).$$

したがって n に対して (9.2) が成り立つ．よってすべての自然数 n に対してライプニッツの公式が示された．∎

例題 9.1 次の関数の第 n 次導関数を求めよ．

(1) xe^x (2) $x^2 \log x$

解 (1) ライプニッツの公式によって

$$(xe^x)^{(n)} = \sum_{k=0}^{n} \binom{n}{k} (x)^{(k)} (e^x)^{(n-k)} = xe^x + ne^x = (x+n)e^x.$$

(2) $n=1$ のとき

$$(x^2 \log x)' = 2x \log x + x.$$

$n=2$ のとき

$$(x^2 \log x)'' = 2 \log x + 3.$$

$n \geqq 3$ のとき

$$(x^2 \log x)^{(n)} = x^2 (\log x)^{(n)} + 2nx (\log x)^{(n-1)} + n(n-1)(\log x)^{(n-2)}$$
$$= (-1)^{n-1} \cdot (n-1)! \, x^{-n+2} + (-1)^{n-2} 2n \cdot (n-2)! \, x^{-n+2}$$
$$\quad + (-1)^{n-3} n(n-1) \cdot (n-3)! \, x^{-n+2}$$
$$= (-1)^{n-1} \frac{2 \cdot (n-3)!}{x^{n-2}}.$$

例題 9.2 $f(x) = \tan^{-1} x$ のとき $f^{(n)}(0)$ を求めよ.

解 $n = 0$ ならば $f^{(0)}(0) = \tan^{-1} 0 = 0$. $n = 1$ ならば
$$f'(x) = \frac{1}{1+x^2} \tag{9.3}$$
であるから $f'(0) = 1$. $n \geqq 2$ のときは (9.3) より
$$f'(x)(1+x^2) = 1 \tag{9.4}$$
が得られるから, (9.4) の両辺を $n-1$ 回微分するとライプニッツの公式より,
$$0 = \{f'(x)(1+x^2)\}^{(n-1)} = \sum_{k=0}^{n-1} \binom{n-1}{k} f^{(n-k)}(x)(1+x^2)^{(k)}$$
$$= f^{(n)}(x)(1+x^2) + 2(n-1)x f^{(n-1)}(x) + (n-1)(n-2) f^{(n-2)}(x)$$
となる. ここで $x = 0$ とおくと,
$$f^{(n)}(0) = -(n-1)(n-2) f^{(n-2)}(0)$$
$$= (-1)^k (n-1)(n-2) \cdots (n-2k) f^{(n-2k)}(0) \quad (0 \leqq 2k \leqq n).$$
したがって
$$f^{(n)}(0) = \begin{cases} 0 & (n : \text{偶数}) \\ (-1)^{(n-1)/2}(n-1)! & (n : \text{奇数}). \end{cases} \qquad \square$$

9.2 テイラーの定理

> **定理 9.2（テイラーの定理）** 関数 $f(x)$ はある区間において $n+1$ 回微分可能であるとする. この区間の 2 点 a, b に対して
> $$f(b) = f(a) + f'(a)(b-a) + \frac{f''(a)}{2!}(b-a)^2 + \cdots$$
> $$+ \frac{f^{(n)}(a)}{n!}(b-a)^n + R_{n+1} \tag{9.5}$$
> と表せば, $R_{n+1} = \dfrac{f^{(n+1)}(c)}{(n+1)!}(b-a)^{n+1}$ となるような c が a と b の間にある.

R_{n+1} のこの定理における表示は (ラグランジュの) **剰余項**とよばれる.

証明 $a = b$ のときは $c = a$ とすればよいから, $a \neq b$ とする. K を定数とするとき, 関数

$$F(x) = f(x) + f'(x)(b-x) + \frac{f''(x)}{2!}(b-x)^2 + \cdots$$
$$+ \frac{f^{(n)}(x)}{n!}(b-x)^n + K(b-x)^{n+1} \tag{9.6}$$

は, $F(b) = f(b)$ をみたすが, さらに $F(a) = f(b)$ となるように K を定める.

$$K = \frac{1}{(b-a)^{n+1}} \left\{ f(b) - \sum_{k=0}^{n} \frac{f^{(k)}(a)}{k!}(b-a)^k \right\} \tag{9.7}$$

とすればよい. $F(x)$ に平均値の定理を当てはめれば, $F'(c) = 0$ となる c が a と b の間にある. ところが

$$F'(x) = f'(x) + \{f''(x)(b-x) - f'(x)\} + \left\{ \frac{f'''(x)}{2!}(b-x)^2 - f''(x)(b-x) \right\}$$
$$+ \cdots + \left\{ \frac{f^{(n+1)}(x)}{n!}(b-x)^n - \frac{f^{(n)}(x)}{(n-1)!}(b-x)^{n-1} \right\} - (n+1)K(b-x)^n$$
$$= \frac{f^{(n+1)}(x)}{n!}(b-x)^n - (n+1)K(b-x)^n$$

となるから

$$F'(c) = \frac{f^{(n+1)}(c)}{n!}(b-c)^n - (n+1)K(b-c)^n = 0.$$

$b - c \neq 0$ であるから

$$K = \frac{f^{(n+1)}(c)}{(n+1)!}$$

が得られる. これを (9.7) に代入すれば定理の式が得られる. ■

$n = 0$ のときは平均値の定理である. (9.6) において $K(b-x)^{n+1}$ の項を $K(b-x)$ で置き換えて証明をたどれば

$$R_{n+1} = \frac{f^{(n+1)}(c)}{n!}(b-c)^n(b-a)$$

となる. この形で表した剰余項を**コーシーの剰余項**という.

(9.5) において b を変数 x で置き換えれば次の形になる.

系 関数 $y = f(x)$ は $x = a$ を内部に含む区間で $n+1$ 回微分可能であるとする．x がこの区間にあるとき

$$f(x) = f(a) + f'(a)(x-a) + \frac{f''(a)}{2!}(x-a)^2 + \cdots$$

$$+ \frac{f^{(n)}(a)}{n!}(x-a)^n + R_{n+1},$$

$$R_{n+1} = \frac{f^{(n+1)}(\xi)}{(n+1)!}(x-a)^{n+1} \tag{9.8}$$

となる ξ が x と a の間にある．

(9.8) を $f(x)$ の $x = a$ における**テイラー展開**という．

(9.5) において $b - a = h$ とおき，$\theta = (c-a)/h$ とおくことによって次の系を得る．

系 関数 $y = f(x)$ はある区間で $n+1$ 回微分可能であるとする．$a, a+h$ がこの区間にあるとき

$$f(a+h) = f(a) + f'(a)h + \frac{f''(a)}{2!}h^2 + \cdots + \frac{f^{(n)}(a)}{n!}h^n + R_{n+1},$$

$$R_{n+1} = \frac{f^{(n+1)}(a+\theta h)}{(n+1)!}h^{n+1}$$

となる θ $(0 < \theta < 1)$ がある．

したがって $f(x)$ が 0 を含む区間で $n+1$ 回微分可能ならば，次の**マクローリンの定理**が成り立つ．

系 関数 $y = f(x)$ は $x = 0$ を含む区間で $n+1$ 回微分可能であるとする．するとこの区間内の x に対して，

$$f(x) = f(0) + f'(0)x + \frac{f''(0)}{2!}x^2 + \cdots + \frac{f^{(n)}(0)}{n!}x^n + R_{n+1},$$

$$R_{n+1} = \frac{f^{(n+1)}(\theta x)}{(n+1)!} x^{n+1} \tag{9.9}$$

となる θ $(0 < \theta < 1)$ がある.

(9.9) を $f(x)$ の**マクローリン展開**という. ここでいくつかの関数のマクローリン展開を求めよう.

例 9.6 $f(x) = e^x$.

$f^{(k)}(x) = e^x$ より

$$e^x = 1 + x + \frac{x^2}{2!} + \frac{x^3}{3!} + \cdots + \frac{x^n}{n!} + R_{n+1},$$
$$R_{n+1} = \frac{e^{\theta x}}{(n+1)!} x^{n+1} \quad (0 < \theta < 1). \tag{9.10}$$

例 9.7 $f(x) = \cos x$.

$f^{(k)}(x) = \cos\left(x + \frac{k\pi}{2}\right)$ より

$$f^{(k)}(0) = \begin{cases} 1 & (k = 4m) \\ -1 & (k = 4m+2) \\ 0 & (k : \text{奇数}) \end{cases}.$$

したがって

$$\cos x = 1 - \frac{x^2}{2!} + \frac{x^4}{4!} - \cdots + (-1)^n \frac{x^{2n}}{(2n)!} + R_{2n+2},$$
$$R_{2n+2} = (-1)^{n+1} \frac{\cos \theta x}{(2n+2)!} x^{2n+2} \quad (0 < \theta < 1).$$

例 9.8 $f(x) = \sin x$.

$f^{(k)}(x) = \sin\left(x + \dfrac{k\pi}{2}\right)$ より

$$f^{(k)}(0) = \begin{cases} 1 & (k = 4m+1) \\ -1 & (k = 4m+3) \\ 0 & (k : 偶数) \end{cases}.$$

したがって

$$\sin x = x - \frac{x^3}{3!} + \frac{x^5}{5!} - \cdots + (-1)^n \frac{x^{2n+1}}{(2n+1)!} + R_{2n+3},$$

$$R_{2n+3} = (-1)^{n+1} \frac{\cos\theta x}{(2n+3)!} x^{2n+3} \quad (0 < \theta < 1).$$

例 9.9 $f(x) = \cosh x, \sinh x$.

例 9.5 より

$$\cosh x = 1 + \frac{x^2}{2!} + \frac{x^4}{4!} + \cdots + \frac{x^{2n}}{(2n)!} + R_{2n+2},$$

$$R_{2n+2} = \frac{\cosh\theta x}{(2n+2)!} x^{2n+2} \quad (0 < \theta < 1).$$

$$\sinh x = x + \frac{x^3}{3!} + \frac{x^5}{5!} + \cdots + \frac{x^{2n+1}}{(2n+1)!} + R_{2n+3},$$

$$R_{2n+3} = \frac{\cosh\theta x}{(2n+3)!} x^{2n+3} \quad (0 < \theta < 1).$$

例 9.10 $f(x) = (1+x)^\alpha$.

$$f^{(k)}(x) = \alpha(\alpha-1)\cdots(\alpha-k+1)(1+x)^{\alpha-k}$$

であるから，

$$\frac{f^{(k)}(0)}{k!} = \binom{\alpha}{k}.$$

したがって，

$$(1+x)^\alpha = 1 + \binom{\alpha}{1}x + \binom{\alpha}{2}x^2 + \cdots + \binom{\alpha}{n}x^n + R_{n+1},$$

$$R_{n+1} = \binom{\alpha}{n+1}(1+\theta x)^{\alpha-n+1} x^{n+1}.$$

例 9.11 $f(x) = \log(1+x)$.

$f^{(k)}(x) = (-1)^{k-1}\dfrac{(k-1)!}{(1+x)^k}$ であるから $\dfrac{f^{(k)}(0)}{k!} = (-1)^{k-1}\dfrac{1}{k}$.

したがって

$$\log(1+x) = x - \frac{x^2}{2} + \frac{x^3}{3} + \cdots + (-1)^{n-1}\frac{x^n}{n} + R_{n+1},$$

$$R_{n+1} = (-1)^n \frac{1}{(n+1)(1+\theta x)^{n+1}} x^{n+1}.$$

積分 $\displaystyle\int_0^x f^{(n+1)}(t)(x-t)^n dt$ を部分積分することによって，マクローリン展開の剰余項を積分を用いて表示してみよう．

$$\frac{1}{n!}\int_0^x f^{(n+1)}(t)(x-t)^n dt$$

$$= \frac{1}{n!}\left[f^{(n)}(t)(x-t)^n\right]_0^x + \frac{1}{(n-1)!}\int_0^x f^{(n)}(t)(x-t)^{(n-1)} dt$$

$$= -\frac{f^{(n)}(0)}{n!}x^n - \frac{f^{(n-1)}(0)}{(n-1)!}x^{n-1} + \frac{1}{(n-2)!}\int_0^x f^{(n-1)}(t)(x-t)^{(n-2)} dt$$

$$= -\frac{f^{(n)}(0)}{n!}x^n - \cdots - \frac{f''(0)}{2!}x^2 - \frac{f'(0)}{1!}x + \int_0^x f'(t) dt$$

$$= -\frac{f^{(n)}(0)}{n!}x^n - \cdots - \frac{f''(0)}{2!}x^2 - \frac{f'(0)}{1!}x + f(x) - f(0).$$

これより移項することによって

$$f(x) = f(0) + \frac{f'(0)}{1!}x + \frac{f''(0)}{2!}x^2 + \cdots + \frac{f^{(n)}(0)}{n!}x^n + \frac{1}{n!}\int_0^x f^{(n+1)}(t)(x-t)^n dt.$$

したがって

$$R_{n+1} = \frac{1}{n!}\int_0^x f^{(n+1)}(t)(x-t)^n dt.$$

演習問題 9

1. 次の関数の第 n 次導関数を求めよ．

(1) a^x $(a > 0)$ 　　　　(2) $\sin^2 x$

(3) $\dfrac{1}{ax+b}$ $(a \neq 0)$ 　　　　(4) $\dfrac{1}{x^2 - 1}$

2. 次の関数のマクローリン展開の x^4 の項まで求めよ．

(1) $e^x \sin x$ 　　　　(2) $\tan x$

3. 次の関数のマクローリン展開を求めよ．

(1) $\dfrac{1}{1+x}$ 　　　　(2) $\dfrac{1}{\sqrt{1-x}}$

第10章 関数の増加と減少，極値

本章のキーワード

増加，減少，極大，極小，凹凸，変曲点

10.1 関数の増減

関数の変動のうち，導関数を用いて判定できるのがその増加および減少の状態である．関数の単調増加 (減少)，狭義単調増加 (減少) の定義は第3章で与えた．

> **定理 10.1** 関数 $y = f(x)$ が区間 $[a, b]$ において連続で，(a, b) において微分可能であって，$f'(x) > 0$ ならば，$f(x)$ は $[a, b]$ において狭義単調増加であり，$f'(x) < 0$ ならば，$f(x)$ は $[a, b]$ において狭義単調減少である．

証明 任意に $a \leqq x_1 < x_2 \leqq b$ となる x_1, x_2 をとる．すると平均値の定理によって
$$f(x_2) - f(x_1) = f'(c)(x_2 - x_1)$$
となる c $(x_1 < c < x_2)$ がある．(a, b) において常に $f'(x) > 0$ のとき $f(x_2) - f(x_1) > 0$ となり，$f(x)$ は $[a, b]$ で狭義の増加となる．また常に $f'(x) < 0$ のときも同様に考えれば，$f(x)$ は $[a, b]$ において狭義の減少となる． ∎

例 10.1 $f(x) = x^3$.

$x_1 < x_2$ とすれば
$$f(x_2) - f(x_1) = x_2^3 - x_1^3 = (x_2 - x_1)(x_2^2 + x_2 x_1 + x_1^2) > 0$$
であるから，$f(x)$ は $(-\infty, \infty)$ において狭義単調増加である．しかし $f'(0) = 0$

であるから，定理 10.1 の逆は成り立たない．

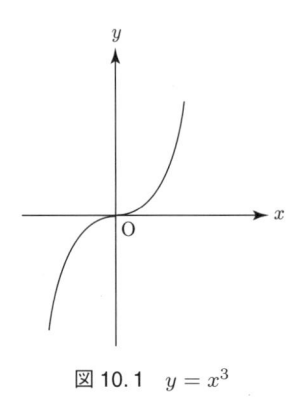

図 10.1 $y = x^3$

□

それでも次のことはいえる．

> **系** 関数 $y = f(x)$ が区間 $[a, b]$ において連続で，(a, b) において有限個の点を除いて微分可能であって，$f'(x) > 0$ $(f'(x) < 0)$ ならば，$f(x)$ は $[a, b]$ において狭義単調増加 (減少) である．

証明 有限個の除外点を $c_1, \cdots, c_{n-1}(c_{j-1} < c_j)$ とし $c_0 = a, c_n = b$ とおく．$x \neq c_j$ $(j = 0, 1, \cdots, n)$ のとき $f'(x) > 0$ とする．$[c_{j-1}, c_j]$ においては定理 10.1 によって狭義単調増加であるから，全体として $[a, b]$ で狭義単調増加になる．∎

例題 10.1 $0 < x \leq \dfrac{\pi}{2}$ において

$$x - \frac{x^3}{6} < \sin x < x$$

が成り立つことを証明せよ．

解 $\sin x < x$ は第 5 章で証明した．

$$f(x) = \sin x - x + \frac{x^3}{6}$$

とおく．

$$f'(x) = \cos x - 1 + \frac{x^2}{2}, \qquad f''(x) = -\sin x + x$$

であるから $0 < x \leqq \frac{\pi}{2}$ で $f''(x) > 0$ である．したがって，$f'(x)$ は $0 \leqq x \leqq \frac{\pi}{2}$ において狭義単調増加である．ゆえに $0 < x < \frac{\pi}{2}$ ならば $f'(x) > f'(0) = 0$．よって $f(x)$ は $0 \leqq x \leqq \frac{\pi}{2}$ において狭義単調増加である．よって $f(x) > f(0) = 0$，すなわち

$$x - \frac{x^3}{6} < \sin x$$

が $0 < x \leqq \frac{\pi}{2}$ に対して成立する．

例題 10.2 次の関数の増減を調べよ．

(1)　$y = x^3 + x^2 - x - 1$　　(2)　$y = x + \dfrac{1}{x}$

解　(1)　$y' = 3x^2 + 2x - 1 = (3x-1)(x+1)$
であるから，$f'(x) = 0$ となるのは $x = -1, \dfrac{1}{3}$ である．したがって

　区間 $(-\infty, -1)$ で $y' > 0$，　y は増加

　区間 $\left(-1, \dfrac{1}{3}\right)$ で $y' < 0$，　y は減少

　区間 $\left(\dfrac{1}{3}, \infty\right)$ で $y' > 0$，　y は増加

となる．これを下のように表としてまとめたものを $y = f(x)$ の**増減表**という．↗ は増加を，↘ は減少を表す．

x		-1		$\dfrac{1}{3}$	
y'	$+$	0	$-$	0	$+$
y	↗	0	↘	$-\dfrac{32}{27}$	↗

図 10.2　$y = x^3 + x^2 - x - 1$

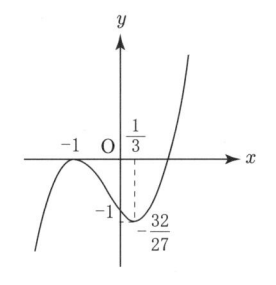

(2)　$y' = 1 - \dfrac{1}{x^2}$

であるから，$y' = 0$ となるのは $x = \pm 1$ で，増減表は下の通り．

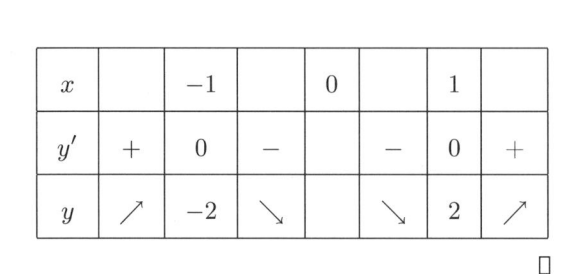

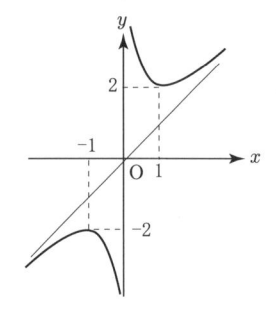

x		-1		0		1	
y'	$+$	0	$-$		$-$	0	$+$
y	↗	-2	↘		↘	2	↗

□

図 10.3 $y = x + \dfrac{1}{x}$

10.2 極大値・極小値

関数 $f(x)$ が $x = a$ の近くで定義されているとする．十分小さい開区間 I をとれば，$x \in I$, $x \neq a$ に対して

$$f(a) > f(x) \quad (f(a) \geqq f(x)) \tag{10.1}$$

となるとき，$f(x)$ は $x = a$ において**極大** (広義の極大) であるといい，$f(a)$ を極大値という．(10.1) において不等号の向きが逆ならば**極小** (広義の極小) であるといい，$f(a)$ を極小値という．極大値と極小値をあわせて**極値**という．

次の定理は本質的には，平均値の定理の証明の中に含まれている．

定理 10.2 関数 $y = f(x)$ が $x = c$ において微分可能で，c で極値をとれば

$$f'(c) = 0$$

である．

この定理より $f(x)$ の極値を求めるには，$f(x) = 0$ となる x に対する $f(x)$ の中から探せばよい．

関数 $f(x)$ が $f'(c) = 0$ でも例 10.1 で見たように c で極値をとるとは限らない．

しかし $f''(c)$ の情報から極値かどうかの判定ができる場合がある．

定理 10.3 関数 $y = f(x)$ は c を含む区間において $f''(x)$ が連続であり，$f'(c) = 0$ であるとする．そのとき，$f''(c) > 0$ ならば $f(x)$ は c で極小値を，$f''(c) < 0$ ならば $x = c$ で極大値をとる．

証明 $f''(c) > 0$ と仮定する．定理 1.7 によって，ある $h > 0$ に対して $c-h < x < c+h$ で $f''(x) > 0$ としてよい．すると定理 10.1 により $f'(x)$ は区間 $[c-h, c+h]$ において狭義単調増加である．$f'(c) = 0$ であるから $[c-h, c)$ において $f'(x) < 0$ であり $(c, c+h]$ において $f'(x) > 0$ である．したがって再び定理 10.1 によって $f(x)$ は $[c-h, c]$ において狭義単調減少，$[c, c+h]$ において狭義単調増加である．したがって $f(c)$ は極小値になる

$f''(c) < 0$ のときも同様に考えて $f(c)$ は極大値になる． ∎

$f''(c) = 0$ ならこの定理は使えない．しかしそのときは次の定理が役立つ．

定理 10.4 関数 $y = f(x)$ は c を含む区間において n 回微分可能で $f^{(n)}(x)$ が連続であり，
$$f'(c) = f''(c) = \cdots = f^{(n-1)}(c) = 0, \quad f^{(n)}(c) \neq 0$$
をみたすとする．このとき次のことが成立する．
(1) n が偶数で $f^{(n)}(c) > 0$ ならば，$f(c)$ は極小値．
(2) n が偶数で $f^{(n)}(c) < 0$ ならば，$f(c)$ は極大値．
(3) n が奇数ならば，$f(c)$ は極値ではない．

証明 定理の区間を I とする．テイラーの定理によって，$x \in I$ のとき
$$f(x) = \sum_{k=0}^{n-1} \frac{f^{(k)}(c)}{k!}(x-c)^k + \frac{f^{(n)}(c+\theta(x-c))}{n!}(x-c)^n$$
をみたす $\theta\,(0 < \theta < 1)$ がある．定理の条件より
$$f(x) - f(c) = \frac{f^{(n)}(c+\theta(x-c))}{n!}(x-c)^n. \tag{10.2}$$

いま I は十分小さく I では $f^{(n)}(x)$ の符号は $f^{(n)}(c)$ の符号と同じであると仮定しよう (定理 1.7). すると n が偶数ならば $f^{(n)}(c) > 0$ のとき

$$f(x) - f(c) \geqq 0$$

で，等号は $x = c$ のとき成立．よって $f(c)$ は極小値である．同じく $f^{(n)}(c) < 0$ のときは極大値．n が奇数ならば (10.2) の右辺は $x = c$ で符号を変える．したがって $f(c)$ は極値ではない． ∎

関数 $y = f(x)$ のある区間における最大値，最小値を求めるには，極値と区間の端点での値を比較すればよい．

例題 10.3 周の長さが一定の扇形のうちで面積が最大になるものを求めよ．

解 周の長さを l，中心角を θ とする．θ の範囲は $0 < \theta < 2\pi$ である．半径を r とすれば，$l = 2r + r\theta$ より

$$r = \frac{l}{\theta + 2}.$$

面積を $S = S(\theta)$ とすれば

$$S = \frac{1}{2}r^2\theta = \frac{l^2\theta}{2(2+\theta)^2}.$$

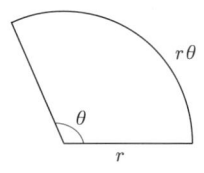

図 10.4 扇形

ゆえに

$$S' = \frac{l^2(2-\theta)}{2(2+\theta)^3}.$$

これより増減表は下の通り．

θ	0		2		2π
S'		+	0	−	
S	0	↗	$\dfrac{l^2}{16}$	↘	$\dfrac{l^2\pi}{4(\pi+1)^2}$

ゆえに $\theta = 2$ のとき最大値 $S = \dfrac{l^2}{16}$ となる．このとき $r = \dfrac{l}{4}$ である． □

10.3 関数の凹凸

区間 I の任意の 3 点 $x_1 < x_2 < x_3$ に対して

$$\frac{f(x_2) - f(x_1)}{x_2 - x_1} \leqq \frac{f(x_3) - f(x_2)}{x_3 - x_2} \tag{10.3}$$

が成り立つとき，関数 $f(x)$ は I で**凸関数**である，あるいは**下に凸**であるという．

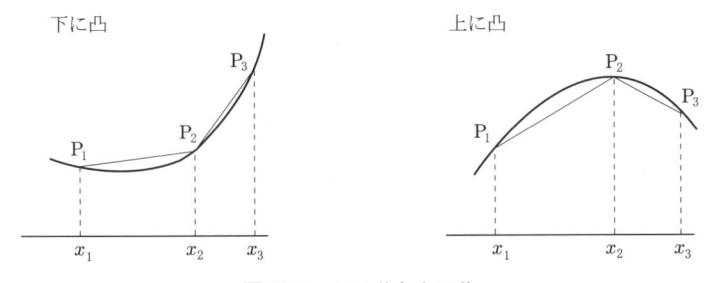

図 10.5 下に凸と上に凸

すなわち図 10.5 の左図の直線 P_1P_2 の傾きより直線 P_2P_3 の傾きのほうが大きいときである．凸関数の定義において不等号 $\leqq$ が常に $<$ になっているときは**狭義凸**であるという．$-f(x)$ が下に凸のとき $f(x)$ は**上に凸**という．

以下に下に凸な関数の性質だけ述べるが，自明な変更を行えば上に凸な関数の性質が得られる．$x_1 < x_3$ のとき，x_2 が $x_1 < x_2 < x_3$ をみたすことと，$x_2 = (1-t)x_1 + tx_3$ となる t が $0 < t < 1$ をみたすことは同じである．(10.3) より

$$f(x_2) \leqq \frac{(x_3 - x_2)f(x_1) + (x_2 - x_1)f(x_3)}{x_3 - x_1}$$

が得られる．ここで $t = \dfrac{x_2 - x_1}{x_3 - x_1}$ とおけば

$$f((1-t)x_1 + tx_3) \leqq (1-t)f(x_1) + tf(x_3) \tag{10.4}$$

となる．これはグラフ上の 2 点を結ぶ線分より関数のグラフのほうが下にあることを示している．またこの推論を逆にたどれば，(10.4) が成り立てば $f(x)$ は下に凸である．

定理 10.5 関数 $y = f(x)$ がある区間で下に凸であることと，グラフ上

> の2点を結ぶ線分より関数のグラフのほうが下にある，すなわち
> $$f((1-t)x_1 + tx_3) \leqq (1-t)f(x_1) + tf(x_3) \quad (0 < t < 1)$$
> とは同値である．狭義凸については $\leqq$ を不等号 $<$ に変えれば同値になる．

下に凸で微分可能な関数 $f(x)$ に対し $c < c+h < x$ とすれば
$$\frac{f(c+h) - f(c)}{h} \leqq \frac{f(x) - f(c+h)}{x - c - h}$$
であるから，$h \to +0$ とすれば
$$f'(c) \leqq \frac{f(x) - f(c)}{x - c}. \tag{10.5}$$
また，$x < c+h < c$ とすれば
$$\frac{f(c+h) - f(x)}{c + h - x} \leqq \frac{f(c) - f(c+h)}{-h}$$
であるから，$h \to -0$ として
$$\frac{f(c) - f(x)}{c - x} \leqq f'(c). \tag{10.6}$$
したがって (10.5), (10.6) のいずれの場合も
$$f(x) \geqq f'(c)(x - c) + f(c)$$
となる．右辺は接線の方程式であるから，下に凸ならば $y = f(x)$ のグラフは接線より上または接線上にある．

下に凸な関数 $y = f(x)$ が2回微分可能であるとする．$x_1 < x_2$ のとき $x_1 < x_1 + h < x_2 - k < x_2$ となる h, k をとれば
$$\frac{f(x_1 + h) - f(x_1)}{h} \leqq \frac{f(x_2 - k) - f(x_1 + h)}{x_2 - k - x_1 + h}$$
$$\leqq \frac{f(x_2) - f(x_2 - k)}{k}.$$
ここで $h \to +0, k \to +0$ とすれば
$$f'(x_1) \leqq f'(x_2),$$
すなわち $f'(x)$ は単調増加である．したがって
$$f''(x) \geqq 0.$$

こうして次の定理が得られた.

> **定理 10.6** 2 回微分可能な関数 $y = f(x)$ がある区間で下に凸であれば，その区間で $f''(x) \geqq 0$ である.

この逆として次の定理が成り立つ.

> **定理 10.7** 2 回微分可能な関数 $y = f(x)$ がある区間で常に
> (1) $f''(x) \geqq 0$ ならば，その区間で $f(x)$ は凸関数である.
> (2) $f''(x) > 0$ ならば，その区間で $f(x)$ は狭義凸関数である.

証明 $x_1 < x_2 < x_3$ とし，
$$x_2 = (1-t)x_1 + tx_3$$
となる $t \, (0 < t < 1)$ をとる. x_2 を中心としてテイラーの定理を使えば，次の式が成り立つ $c_1 \in (x_1, x_2)$ と $c_2 \in (x_2, x_3)$ がある.

$$f(x_1) = f(x_2) + f'(x_2)(x_1 - x_2) + \frac{f''(c_1)}{2!}(x_1 - x_2)^2$$
$$= f(x_2) - f'(x_2)t(x_3 - x_1) + \frac{f''(c_1)}{2!}t^2(x_3 - x_1)^2,$$
$$f(x_3) = f(x_2) + f'(x_2)(x_3 - x_2) + \frac{f''(c_2)}{2!}(x_3 - x_2)^2$$
$$= f(x_2) + f'(x_2)(1-t)(x_3 - x_1) + \frac{f''(c_2)}{2!}(1-t)^2(x_3 - x_1)^2.$$

これより

$$(1-t)f(x_1) + tf(x_3)$$
$$= f(x_2) + \frac{1}{2}\{f''(c_1)(1-t)t^2 + f''(c_2)t(1-t)^2)\}(x_3 - x_1)^2.$$

ゆえに定理 10.5 により，与えられた区間で $f''(x) \geqq 0$ ならば

$$f((1-t)x_1 + tx_3) \leqq (1-t)f(x_1) + tf(x_3)$$

となり，$f(x)$ は凸関数であり，$f''(x) > 0$ ならば

$$f((1-t)x_1 + tx_3) < (1-t)f(x_1) + tf(x_3)$$

となり，$f(x)$ は狭義凸関数である．

$y = f(x)$ のグラフ上の点 P において，(x 座標が増加するとき) 下に凸から上に凸に，あるいは上に凸から下に凸に変わるとき，P を **変曲点** という．

図 10.6　変曲点

定理 10.4 と同様にして次の定理を証明することができる．

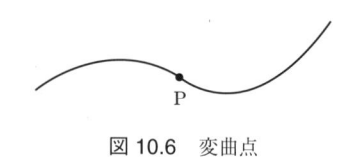

定理 10.8 関数 $y = f(x)$ は c を含む区間において n 回微分可能で $f^{(n)}(x)$ が連続であり，

$$f'(c) = f''(c) = \cdots = f^{(n-1)}(c) = 0, \quad f^{(n)}(c) \neq 0$$

をみたすとする．このとき次のことが成立する．

(1)　n が偶数で $f^{(n)}(c) > 0$ ならば，$f(x)$ のグラフは $x = c$ の近くで下に凸．

(2)　n が偶数で $f^{(n)}(c) < 0$ ならば，$f(x)$ のグラフは $x = c$ の近くで上に凸．

(3)　n が奇数ならば，$(c, f(c))$ は変曲点である．

例題 10.4　次の関数の増減，凹凸，極値を調べてグラフの概形を描け．

(1)　$y = x^4 - 2x^3$　　(2)　$y = x - \sqrt{x}$

解　(1)　定義域は $(-\infty, \infty)$．

$$y = x^4 - 2x^3, \quad y' = 4x^3 - 6x^2, \quad y'' = 12x^2 - 12x.$$

$y' = 0$ となるのは $x = 0, \dfrac{3}{2}$ であり，$y'' = 0$ となるのは $0, 1$ である．したがって増減表とグラフは下の通り．ただし，凸は下に凸，凹は上に凸，変は変曲点を意味する．

x	$-\infty$		0		1		$\dfrac{3}{2}$		∞
y''	∞	$+$	0	$-$	0	$+$	$+$	$+$	∞
y'	$-\infty$	$-$	0	$-$	-2	$-$	0	$+$	∞
y	∞	↘	0	↘	-1	↘	$-\dfrac{27}{16}$	↗	∞
		凸	変	凹	変	凸	凸	凸	

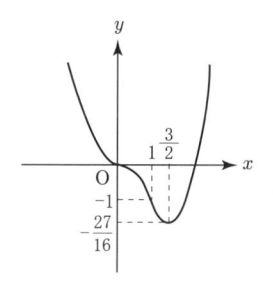

図 10.7 $y = x^4 - 2x^3$

(2)　定義域は $[0, \infty)$.
$$y = x - \sqrt{x}, \quad y' = 1 - \frac{1}{2\sqrt{x}}, \quad y'' = \frac{1}{4\sqrt{x^3}}.$$

これより $y' = 0$ となるのは $x = \dfrac{1}{4}$. $x > 0$ では $y'' > 0$ であるから下に凸. 増減表とグラフは下の通り.

x	0		$\dfrac{1}{4}$		∞
y'	$-\infty$	$-$	0	$+$	1
y	0	↘	$-\dfrac{1}{4}$	↗	∞
		凸	凸	凸	

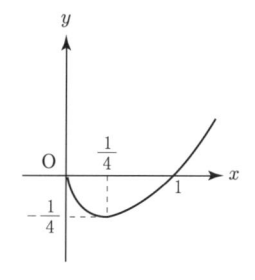

図 10.8 $y = x - \sqrt{x}$

■　　　演習問題 10　　　■

1. 次の不等式を証明せよ.

(1) $x - \dfrac{x^2}{2} < \log(1 + x) < x \quad (x > 0)$

(2) $\dfrac{x}{x^2 + 1} < \tan^{-1} x < x \quad (x > 0)$

2. 半径 a の円に内接する長方形の中で面積が最大になるものを求めよ.

3. 次の関数の増減，凹凸，変曲点を調べてグラフの概形を描け．

(1) $y = \dfrac{4x}{1+x^2}$

(2) $y = e^{-x} \sin x$

4. 次の関数の示された区間における最大値，最小値を求めよ．

(1) $x \cos x - \sin x$　　$[0, \pi]$

(2) $\sin x + \cos^2 x$　　$[0, \pi]$

第11章 積分の拡張

本章のキーワード

広義積分,無限区間における積分,ガンマ関数,ベータ関数

11.1 広義積分

有限区間における広義積分

これまでは定積分は有界閉区間で定義された有界関数に対して定義し,しかもその存在をはっきりいえるのは連続関数だけであった.いま関数 $f(x)$ が半開区間 $(a, b]$ で連続であると仮定しよう.例えば $\dfrac{1}{x}$, $\dfrac{1}{\sqrt{x}}$, $\dfrac{1}{x^2}$ などは区間 $(0, 1]$ において連続である.すると $\varepsilon > 0$ に対して $f(x)$ は閉区間 $[a+\varepsilon, b]$ において連続である (このとき $a+\varepsilon < b$ を仮定するのはもちろんである).するとこの縮小した閉区間において $f(x)$ は積分可能になる.そこで極限値

$$\lim_{\varepsilon \to +0} \int_{a+\varepsilon}^{b} f(x)dx = \lim_{a' \to a+0} \int_{a'}^{b} f(x)dx$$

が存在するとき,$f(x)$ は $[a, b]$ において**広義積分可能**であるといい,この極限値を $f(x)$ の $[a, b]$ における**広義積分**あるいは**特異積分**といって

$$\int_{a}^{b} f(x)dx$$

と書く.

$f(x)$ が $[a, b]$ で連続ならば,もちろん広義積分可能である.

例 11.1 $f(x) = \dfrac{1}{\sqrt{x}}$ を $(0, 1]$ で考える.$1 > \varepsilon > 0$ に対し

$$\int_\varepsilon^1 \frac{dx}{\sqrt{x}} = \left[2\sqrt{x}\right]_\varepsilon^1$$
$$= 2(1-\sqrt{\varepsilon})$$

であるから
$$\int_0^1 \frac{dx}{\sqrt{x}} = 2.\qquad\square$$

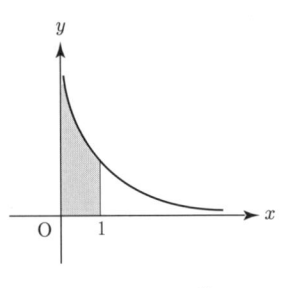

図 11.1 $y = \dfrac{1}{\sqrt{x}}$

同じく $f(x)$ が $[a, b)$ で連続なとき,広義積分を

$$\int_a^b f(x)dx = \lim_{\varepsilon \to +0} \int_a^{b-\varepsilon} f(x)dx = \lim_{b' \to b-0} \int_a^{b'} f(x)dx$$

によって定義する. (a, b) で連続ならば

$$\int_a^b f(x)dx = \lim_{a' \to a+0, b' \to b-0} \int_{a'}^{b'} f(x)dx$$

とする.ただし二つの極限 $a' \to a+0$ と $b' \to b-0$ は独立に極限をとる.

さらに $f(x)$ が区間 $[a, b]$ 内の 1 点 $x = c$ を除いて連続ならば

$$\int_a^b f(x)dx = \lim_{c' \to c-0} \int_a^{c'} f(x)dx + \lim_{c'' \to c+0} \int_{c''}^b f(x)dx$$

と定義する.ただし,極限 $c' \to c-0$ と $c'' \to c+0$ は独立に極限をとる.

注意 1 このただし書きは重要である.例えば

$$\int_{-1}^1 \frac{dx}{x} = \Big[\log|x|\Big]_{-1}^1 = 0$$

とするのは誤りである.定義通りに計算してみよう. $x = 0$ で連続でないので

$$\int_{-1}^1 \frac{dx}{x} = \lim_{\varepsilon \to +0} \int_{-1}^{-\varepsilon} \frac{dx}{x} + \lim_{\varepsilon' \to +0} \int_{\varepsilon'}^1 \frac{dx}{x}$$

であって

$$\lim_{\varepsilon \to +0} \int_{-1}^{-\varepsilon} \frac{dx}{x} = \lim_{\varepsilon \to +0} \Big[\log|x|\Big]_{-1}^{-\varepsilon} = \lim_{\varepsilon \to +0} \log|\varepsilon| = -\infty,$$

$$\lim_{\varepsilon' \to +0} \int_{\varepsilon'}^1 \frac{dx}{x} = \lim_{\varepsilon' \to +0} \Big[\log|x|\Big]_{\varepsilon'}^1 = -\lim_{\varepsilon' \to +0} \log|\varepsilon'| = \infty$$

となり,$-\infty + \infty$ は不定形であり,値は存在しない. $\dfrac{\varepsilon}{\varepsilon'} \to 1$, $\varepsilon \to +0$ という

特別な極限をとったときのみ値は0になる．

関数 $f(x)$ が区間 $[a, b]$ の点 c_k ($k = 0, 1, \cdots, n$; $c_0 = a < c_1 < c_2 < \cdots < c_n = b$) を除いて連続なときは，$[a, b]$ における広義積分をそれぞれの区間 $[c_{k-1}, c_k]$ における広義積分の和として定義する：

$$\int_a^b f(x)dx = \sum_{k=1}^{n} \int_{c_{k-1}}^{c_k} f(x)dx.$$

無限区間における広義積分

無限区間 $[a, \infty)$ における積分は任意の $b(>a)$ に対して $[a, b]$ における広義積分を考え，その $b \to \infty$ とした極限として定義する：

$$\int_a^\infty f(x)dx = \lim_{b \to \infty} \int_a^b f(x)dx.$$

これも広義積分といわれる．同様に $(-\infty, b]$, $(-\infty, \infty)$ における広義積分も定義される．

$$\int_{-\infty}^b f(x)dx = \lim_{a \to -\infty} \int_a^b f(x)dx,$$

$$\int_{-\infty}^\infty f(x)dx = \lim_{a \to -\infty, b \to \infty} \int_a^b f(x)dx.$$

後者の極限において $a \to -\infty, b \to \infty$ なる極限は独立にとる．

例題 11.1 次の広義積分の値を求めよ．

(1) $\int_0^\infty e^{-2x}dx$ 　　(2) $\int_0^\infty \dfrac{dx}{1+x^2}$

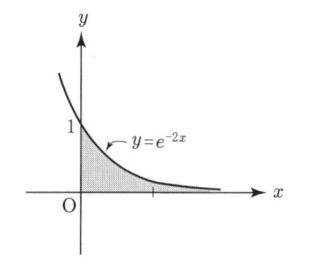

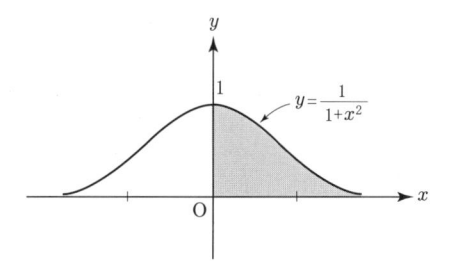

図 11.2 $y = e^{-2x}$ と $y = \dfrac{1}{1+x^2}$

解 (1) $\displaystyle\int_0^\infty e^{-2x}dx = \lim_{b\to\infty}\int_0^b e^{-2x}dx = \lim_{b\to\infty}\left[-\frac{e^{-2x}}{2}\right]_0^b$

$\displaystyle = \lim_{b\to\infty}\frac{1}{2}(1-e^{-2b}) = \frac{1}{2}$

(2) $\displaystyle\int_0^\infty \frac{dx}{1+x^2} = \lim_{b\to\infty}\int_0^b \frac{dx}{1+x^2} = \lim_{b\to\infty}\tan^{-1}b = \frac{\pi}{2}.$ □

コーシーの収束判定定理より次の定理が得られる.

定理 11.1 (1) 関数 $y=f(x)$ は区間 $(a,b]$ で連続であるとする. 広義積分 $\displaystyle\int_a^b f(x)dx$ が存在するための条件は

$$\int_c^{c'} f(x)dx \to 0 \qquad (c,c' \to a+0)$$

となることである. ただし, c,c' は独立に極限をとる. $x=b$ で連続でない場合も同様である.

(2) $f(x)$ が区間 $[a,\infty)$ で連続なとき, 広義積分 $\displaystyle\int_a^\infty f(x)dx$ が存在するための条件は

$$\int_c^{c'} f(x)dx \to 0 \qquad (c,c' \to \infty)$$

となることである. ただし, c,c' は独立に極限をとる. 無限区間 $(-\infty, b]$ でも同様である.

例 11.2 $f(x)=x^\alpha$ の区間 $(0,b]$ $(b>0)$ での積分を考える. $\alpha<0$ のとき $x=0$ は不連続点である. $0<c<b$ とする.

$$\int_c^b x^\alpha dx = \begin{cases} \dfrac{1}{\alpha+1}\left[x^{\alpha+1}\right]_c^b & (\alpha \neq -1) \\ \left[\log x\right]_c^b & (\alpha = -1) \end{cases} \qquad (11.1)$$

である. ここで $c \to +0$ とすれば, $\alpha \neq -1$ のときは

$$\int_c^b x^\alpha dx = \frac{1}{\alpha+1}(b^{\alpha+1} - c^{\alpha+1}) \to \begin{cases} \dfrac{1}{\alpha+1} b^{\alpha+1} & (\alpha+1 > 0) \\ \infty & (\alpha+1 < 0). \end{cases}$$

$\alpha = -1$ のときは
$$\int_0^b \frac{dx}{x} = \lim_{c \to +0}(\log b - \log c) = \infty$$
となる. したがって

$$\int_0^b x^\alpha dx = \begin{cases} \dfrac{1}{\alpha+1} b^{\alpha+1} & (\alpha > -1) \\ \infty & (\alpha \leqq -1). \end{cases}$$

区間 $(a, b]$ でも $f(x) = (x-a)^\alpha$ について, 区間 $[a, b)$ では $f(x) = (b-x)^\alpha$ について同様なことが成り立つ.

例 11.3 例 11.2 と同じく $f(x) = x^\alpha$ を区間 $[a, \infty)$ で考える. $a < b$ となる b をとる. (11.1) の c を a に変えたものを利用すれば, $\alpha \neq -1$ のとき
$$\lim_{b \to \infty} b^{\alpha+1} = \begin{cases} 0 & (\alpha+1 < 0) \\ \infty & (\alpha+1 > 0), \end{cases}$$
$\alpha = -1$ のとき
$$\lim_{b \to \infty} \log b = \infty$$
であるから次のようになる.

$$\int_a^\infty x^\alpha dx = \begin{cases} \infty & (\alpha \geqq -1) \\ -\dfrac{1}{\alpha+1} a^{\alpha+1} & (\alpha < -1). \end{cases}$$

この例の積分の収束性の応用として次の定理を得る.

D で定義された関数 $f(x)$ は,すべての $x \in D$ に対して $|f(x)| \leqq M$ となる定数 M があるとき,D で**有界**であるという.

> **定理 11.2** 関数 $f(x)$ が区間 $(a, b]$ で連続で,適当な $\lambda\,(\lambda < 1)$ に対して $(x-a)^\lambda f(x)$ が区間 $(a, b]$ で有界ならば,広義積分 $\int_a^b f(x)dx$ が存在する.
>
> 区間 $[a, b)$ で連続なときは,$(b-x)^\lambda f(x)\,(\lambda < 1)$ が $[a, b)$ で有界ならば同じ結論を得る.

証明 $x - a = t$ と変換すれば

$$\int_a^b (x-a)^{-\lambda} dx = \int_0^{b-a} t^{-\lambda} dt$$

となり $-\lambda > -1$ すなわち $\lambda < 1$ ならば,例 11.2 によって積分は存在する.したがって定理 11.1 によって $c, c' \to a+0$ のとき

$$\int_c^{c'} (x-a)^{-\lambda} dx \to 0$$

である.いま $a < c < c'$ として a に近づくものとしてよい.$(x-a)^\lambda |f(x)| \leqq M$ となる定数 M をとれば

$$\left| \int_c^{c'} f(x) dx \right| \leqq \int_c^{c'} |f(x)|\, dx \leqq M \int_c^{c'} (x-a)^{-\lambda} dx$$

となるから $c, c' \to a$ とすれば $\int_c^{c'} f(x)dx \to 0$ となり,再び定理 11.1 より積分

$$\int_a^b f(x) dx$$

は収束する.後半の証明も同様である. ∎

無限区間については次のようになる.

> **定理 11.3** 関数 $f(x)$ が区間 $[a, \infty)$(または $(-\infty, b]$)で連続であるとき,適当な $\lambda\,(\lambda > 1)$ に対して $|x|^\lambda f(x)$ がその区間で有界ならば,広義積分

$$\int_a^\infty f(x)dx \left(\text{または} \int_{-\infty}^b f(x)dx\right) \text{が存在する.}$$

11.2 ガンマ関数, ベータ関数

ガンマ関数

s を実数として広義積分

$$\int_0^\infty x^{s-1}e^{-s}dx$$

を考える. $e^{-x} \leqq 1 \ (0 \leqq x \leqq 1)$ であるから

$$x^{s-1}e^{-x} < x^{s-1} \quad (0 < x \leqq 1)$$

である. したがって定理 11.2 より $s > 0$ ならば積分

$$\int_0^1 x^{s-1}e^{-x}dx$$

は収束する.

任意の s に対して $\lim_{x \to \infty} x^{s+1}e^{-x} = 0$ であるから, 十分大きな c をとれば $x \geqq c$ のとき

$$x^2(x^{s-1}e^{-x}) = x^{s+1}e^{-x} < 1.$$

したがって定理 11.3 によって積分は $[c, \infty)$ で収束する. 区間 $[1, c)$ では $x^{s-1}e^{-x}$ は連続であるから問題はない.

こうして $s > 0$ に対して定義された s の関数

$$\Gamma(s) = \int_0^\infty x^{s-1}e^{-x}dx$$

が得られた. これを**ガンマ関数**という.

$s > 0$ のとき

$$\Gamma(s+1) = \int_0^\infty x^s e^{-x}dx = \left[x^s(-e^{-x})\right]_0^\infty - \int_0^\infty (x^s)'(-e^{-x})dx$$

$$= s\int_0^\infty x^{s-1}e^{-x}dx = s\Gamma(s).$$

ここで $\lim_{x \to \infty} x^s e^{-x} = 0$ を用いた.

$s = 1$ とすれば，
$$\Gamma(1) = \int_0^\infty e^{-x} dx = \Big[-e^{-x} \Big]_0^\infty = 1$$
となる．したがって n が自然数ならば
$$\Gamma(n+1) = n!$$
となる．すなわちガンマ関数は $n!$ の n を非自然数 $s > 0$ に拡張したものといえる．おおよそのグラフは図 11.3 のようになる．

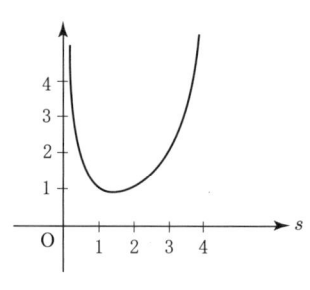

図 11.3　ガンマ関数

$$\Gamma\left(\frac{1}{2}\right) = \int_0^\infty x^{-1/2} e^{-x} dx$$
において $\sqrt{x} = u$ とおけば $dx = 2u\,du$ であるから
$$\Gamma\left(\frac{1}{2}\right) = 2\int_0^\infty e^{-u^2} du = \int_{-\infty}^\infty e^{-u^2} du$$
となる．この値は $\sqrt{\pi}$ であることが知られている．

以上ガンマ関数の性質をまとめると，

ガンマ関数
$$\Gamma(s) = \int_0^\infty x^{s-1} e^{-x} dx$$
は $s > 0$ で定義され次の性質をもつ．
(1)　$\Gamma(s+1) = s\Gamma(s)$.
(2)　$\Gamma(1) = 1$ で n が自然数ならば $\Gamma(n+1) = n!$.

(3) $\Gamma\left(\dfrac{1}{2}\right) = \sqrt{\pi}.$

ベータ関数

積分 $\displaystyle\int_0^1 x^{p-1}(1-x)^{q-1}dx$ は定理 11.2 より $p>0, q>0$ で収束する．これをベータ関数といい，$B(p, q)$ と表す：
$$B(p, q) = \int_0^1 x^{p-1}(1-x)^{q-1}dx.$$
容易に分かるように
$$B(p, q) = B(q, p)$$
である．

$x = \sin^2\theta$ とおく．
$$\begin{aligned}B(p, q) &= \int_0^{\frac{\pi}{2}} \sin^{2p-2}\theta \cos^{2q-2}\theta \cdot 2\sin\theta\cos\theta\, d\theta \\ &= 2\int_0^{\frac{\pi}{2}} \sin^{2p-1}\theta \cos^{2q-1}\theta\, d\theta.\end{aligned}$$
ここでは証明しないが，重積分の性質を用いると
$$B(p, q) = \frac{\Gamma(p)\Gamma(q)}{\Gamma(p+q)}$$
が成り立つことが分かる．とくに m, n が自然数ならば
$$\begin{aligned}\frac{1}{B(m, n)} &= \frac{\Gamma(m+n)}{\Gamma(m)\Gamma(n)} = \frac{(m+n-1)!}{(m-1)!(n-1)!} \\ &= n\frac{(m+n-1)!}{(m-1)!n!} = n\binom{m+n-1}{n}\end{aligned}$$
となる．

ベータ関数
$$B(p, q) = \int_0^1 x^{p-1}(1-x)^{q-1}dx$$
は $p, q > 0$ で定義され，次の性質をもつ．

(1) $B(p, q) = B(q, p)$.

(2) $B(p, q) = \dfrac{\Gamma(p)\Gamma(q)}{\Gamma(p+q)}$.

(3) m, n が自然数ならば，
$$\frac{1}{B(m, n)} = n\binom{m+n-1}{n}.$$

例題 11.2 次の積分の値をベータ関数を用いて計算せよ．

(1) $\displaystyle\int_0^{\frac{\pi}{2}} \sin^3 x \cos^4 x \, dx$ (2) $\displaystyle\int_0^{\pi} \sin^2 x \cos^4 x \, dx$

解 (1) $2p - 1 = 3, 2q - 1 = 4$ より $p = 2, q = \dfrac{5}{2}$. よって

$$\int_0^{\frac{\pi}{2}} \sin^3 x \cos^4 x \, dx = \frac{B\left(2, \frac{5}{2}\right)}{2} = \frac{\Gamma(2)\Gamma\left(\frac{5}{2}\right)}{2\Gamma\left(\frac{9}{2}\right)} = \frac{\Gamma(2)\Gamma\left(\frac{5}{2}\right)}{2 \cdot \frac{7}{2} \cdot \frac{5}{2}\Gamma\left(\frac{5}{2}\right)} = \frac{2}{35}.$$

(2) $\pi - x = t$ とおけば

$$\int_{\frac{\pi}{2}}^{\pi} \sin^2 x \cos^4 x \, dx = -\int_{\frac{\pi}{2}}^{0} \sin^2 t \cos^4 t \, dt = \int_0^{\frac{\pi}{2}} \sin^2 t \cos^4 t \, dt$$

となるから

$$\int_0^{\pi} \sin^2 x \cos^4 x \, dx = 2\int_0^{\frac{\pi}{2}} \sin^2 x \cos^4 x \, dx = B\left(\frac{3}{2}, \frac{5}{2}\right)$$

$$= \frac{\Gamma\left(\frac{3}{2}\right)\Gamma\left(\frac{5}{2}\right)}{\Gamma(4)} = \frac{\frac{1}{2}\sqrt{\pi} \cdot \frac{3}{2}\frac{1}{2}\sqrt{\pi}}{3!} = \frac{\pi}{16}. \qquad \square$$

演習問題 11

1. 次の広義積分の値を求めよ．

(1) $\displaystyle\int_1^2 \frac{dx}{\sqrt{x-1}}$ (2) $\displaystyle\int_0^1 \frac{dx}{\sqrt{1-x^2}}$

(3) $\displaystyle\int_0^1 x \log x \, dx$ (4) $\displaystyle\int_0^\pi \frac{dx}{1 - 2\cos x}$

2. 次の広義積分の値を求めよ．

(1) $\displaystyle\int_0^\infty \frac{dx}{\sqrt{x^2+1}}$ (2) $\displaystyle\int_0^\infty \frac{1}{x^2} \log(1+x^2) dx$

第12章　面積と体積

本章のキーワード

面積，曲線の長さ，回転体の体積，回転体の表面積

12.1　面積

関数 $f(x)$ が区間 $[a,b]$ において連続で，$f(x) \geqq 0$ であるとする．x 軸と $y = f(x)$ に挟まれ $a \leqq x \leqq b$ の部分の縦線集合 A の面積をもう一度考えてみよう．区間 $[a,b]$ の分割 $a = x_0 < x_1 < x_2 < \cdots < x_n = b$ をつくり，おのおのの小区間 $[x_{i-1}, x_i]$ における $f(x)$ の最大値と最小値をそれぞれ M_i と m_i とする．A も分割され，$x_{i-1} < x < x_i$ の部分は面積 $m_i(x_i - x_{i-1})$ の長方形を含み，面積 $M_i(x_i - x_{i-1})$ の長方形に含まれる．したがって，A の面積を S とすれば

$$\sum_{i=1}^{n} m_i(x_i - x_{i-1}) \leqq S \leqq \sum_{i=1}^{n} M_i(x_i - x_{i-1})$$

である．ここで分割を細かくする極限を考えれば，定理7.1によって，この不等式の第1項，第3項ともに $\int_a^b f(x)dx$ に収束する．したがって

$$S = \int_a^b f(x)dx \tag{12.1}$$

である．

ここで A の面積が S としてすでに与えられているような説明をしたが，一般の平面図形はそれが連続関数で囲まれていても直感的には理解できないような複雑なものがある．むしろ正確には (12.1) によって A の面積を定義するといった方がよいであろう．そうすれば長方形の面積が (たて)×(よこ) であることもすぐに分かる．

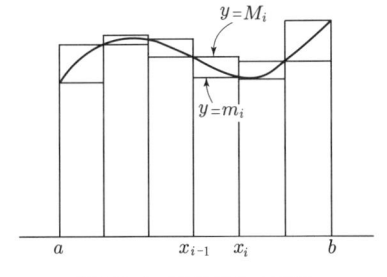

図 12.1 縦線集合の面積

二つの連続関数が $g(x) \leqq f(x)$ $(a \leqq x \leqq b)$ をみたすとき，その間の部分の面積 S は

$$S = \int_a^b \{f(x) - g(x)\} dx$$

によって定義する．これは $0 \leqq g(x) \leqq f(x)$ の場合は

$$\int_a^b \{f(x) - g(x)\} dx = \int_a^b f(x) dx - \int_a^b g(x) dx$$

であるから，$f(x)$ と x 軸の間の面積から $g(x)$ と x 軸の間の面積を引き去ったものとして理解できるであろう．一般の場合は $g(x)$ の最小値 K だけ y 軸方向に平行移動した $f(x) - K$ と $g(x) - K$ で考えればよい．

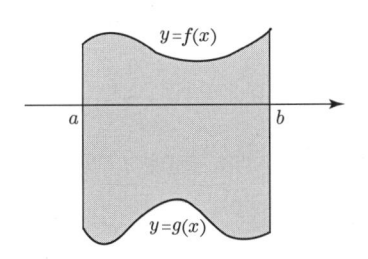

図 12.2 二つの関数の間の縦線集合

例題 12.1 放物線 $y = x^2$ と直線 $x = a\ (>0)$ および x 軸で囲まれた部分の面積 S を求めよ．

解 $S = \displaystyle\int_0^a x^2 dx = \left[\dfrac{x^3}{3}\right]_0^a = \dfrac{a^3}{3}$.

例題 12.2 楕円 $\dfrac{x^2}{a^2} + \dfrac{y^2}{b^2} = 1$ で囲まれた部分の面積を求めよ．

図 12.3 $0 \leqq y \leqq x^2$, $0 \leqq x \leqq a$

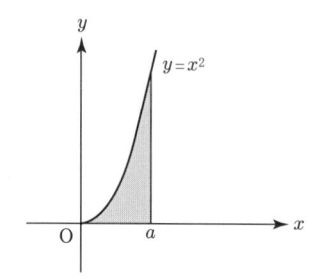

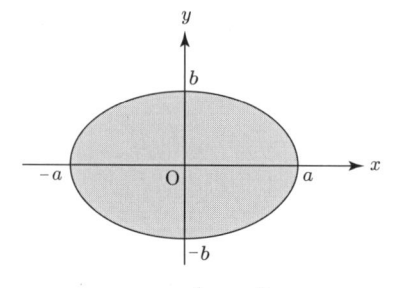

図 12.4 $\dfrac{x^2}{a^2} + \dfrac{y^2}{b^2} \leqq 1$

解 対称性より面積 S は $x \geqq 0$, $y \geqq 0$ の部分の面積の 4 倍．そこでは $y = \dfrac{b}{a}\sqrt{a^2 - x^2}$．よって

$$S = \dfrac{4b}{a} \int_0^a \sqrt{a^2 - x^2}\, dx.$$

すでに見たように (例題 7.3 参照)

$$\int_0^a \sqrt{a^2 - x^2}\, dx = \dfrac{\pi a^2}{4}.$$

ゆえに

$$S = \pi ab. \qquad \square$$

12.2 曲線の長さ

平面曲線 C が C^1 級関数 (すなわち微分可能で導関数が連続な関数) $y = f(x)$ ($a \leqq x \leqq b$) のグラフであるとき，その長さ L を求めよう．$A = (a, f(a))$, $B = (b, f(b))$ とする．C 上に点 $P_0 = A, P_1, P_2, \cdots, P_n = B$ を順次とる．$P_k = (x_k, f(x_k))$ であるとする．

$$\Delta : x_0 = a < x_1 < x_2 < \cdots < x_n = b$$

は区間 $[a, b]$ の分割である．線分 $P_0P_1, P_1P_2, \cdots, P_{n-1}P_n$ からできる折れ線の長さを考える．それは

$$L_\Delta = \sum_{k=1}^n \overline{P_{k-1}P_k}$$

であって

figure 12.5 曲線の長さ

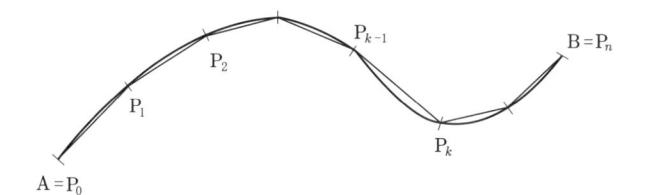

$$\overline{\mathrm{P}_{k-1}\mathrm{P}_k} = \sqrt{(x_k - x_{k-1})^2 + (f(x_k) - f(x_{k-1}))^2}$$

と書ける．平均値の定理によって

$$f(x_k) - f(x_{k-1}) = f'(\xi_k)(x_k - x_{k-1})$$

となる $\xi_k \in (x_{k-1}, x_k)$ がある．したがって

$$L_\Delta = \sum_{k=1}^n \sqrt{1 + \{f'(\xi_k)\}^2}\,(x_k - x_{k-1})$$

である．ここで分割 Δ の幅 $|\Delta|$ が小さくなるように点を増やしていけば，極限値

$$L = \int_a^b \sqrt{1 + \{f'(x)\}^2}\,dx \qquad (12.2)$$

に収束する．L を曲線 C の**長さ**という．

例題 12.3 公式 (12.2) にしたがって次の曲線の長さを求めよ．$(a > 0)$
 (1)　円 $x^2 + y^2 = a^2$　　　　(2)　アステロイド $x^{\frac{2}{3}} + y^{\frac{2}{3}} = a^{\frac{2}{3}}$

解　(1)　円 $x^2 + y^2 = a^2$ の長さは第 1 象限にある部分の 4 倍である．そこでは

$$y = \sqrt{a^2 - x^2} \quad (0 \leqq x \leqq a)$$

である．

$$y' = \frac{-x}{\sqrt{a^2 - x^2}}$$

より

$$\frac{L}{4} = \int_0^a \sqrt{1+(y')^2}\, dx = a\int_0^a \frac{dx}{\sqrt{a^2-x^2}}$$
$$= a\left[\sin^{-1}\frac{x}{a}\right]_0^a = \frac{\pi a}{2}.$$

ゆえに
$$L = 2\pi a$$

である．

(2) 全長 L を第 1 象限の部分の 4 倍として求める．

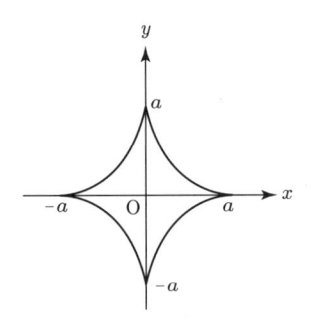

図 12.6 アステロイド

$$y = (a^{\frac{2}{3}} - x^{\frac{2}{3}})^{\frac{3}{2}},$$
$$y' = \frac{3}{2}(a^{\frac{2}{3}} - x^{\frac{2}{3}})^{\frac{1}{2}}\left(-\frac{2}{3}\right)x^{-\frac{1}{3}} = -\left(\frac{y}{x}\right)^{\frac{1}{3}}$$

より
$$\sqrt{1+(y')^2} = \sqrt{1+\left(\frac{y}{x}\right)^{\frac{2}{3}}} = \sqrt{\left(\frac{a}{x}\right)^{\frac{2}{3}}} = \left(\frac{a}{x}\right)^{\frac{1}{3}}.$$

したがって
$$L = 4\int_0^a \left(\frac{a}{x}\right)^{\frac{1}{3}} dx = 4a^{\frac{1}{3}}\left[\frac{3}{2}x^{\frac{2}{3}}\right]_0^a = 6a. \qquad \square$$

12.3　回転体の体積

関数 $y = f(x)$ が $[a, b]$ で連続であって $f(x) \geqq 0$ とする．そのグラフを x 軸の回りに一回転させれば図 12.7 のような**回転体**とよばれる立体になる．x-y 平面を

空間直交座標系 O-xyz をとったときの平面 $z=0$ と同一視する．体積一般については多変数の微積分の中で論じなければならないが，回転体の場合は次のように体積を定義する．

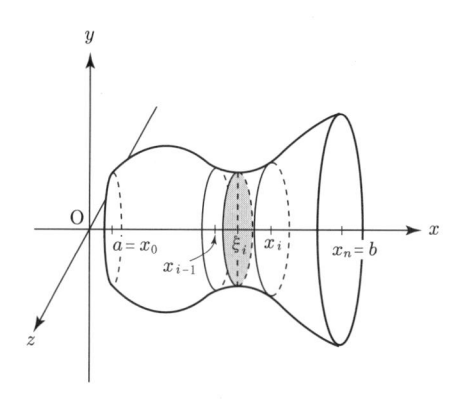

図 12.7 回転体

区間 $[a, b]$ の分割

$$\Delta : a = x_0 < x_1 < x_2 < \cdots < x_n = b \tag{12.3}$$

を考え，$\xi_k \in [x_{k-1}, x_k]$ を任意にとり，円柱 $x_{k-1} \leqq x \leqq x_k$, $y^2 + z^2 \leqq f(\xi_k)^2$ の体積の和 V_Δ を作る．

$$V_\Delta = \sum_{k=1}^{n} \pi \{f(\xi_k)\}^2 (x_k - x_{k-1}).$$

ここで $|\Delta| \to 0$ となる分割の列をとれば，ξ_k のとり方によらず

$$\lim_{|\Delta| \to 0} V_\Delta = \int_a^b \pi \{f(x)\}^2 dx$$

となる．この右辺の極限値によって**回転体の体積** V とする．

$$V = \pi \int_a^b \{f(x)\}^2 dx. \tag{12.4}$$

例題 12.4 次の x の関数 y のグラフを指定された区間で x 軸のまわりに回転した回転体の体積を求めよ．

(1) $a > 0$, $h > 0$ として $y = \dfrac{a}{h}x$ $(0 \leqq x \leqq h)$ (底面が半径 a, 高さが h の**直円錐**).

(2) $a > 0$, $b > 0$ として $\dfrac{x^2}{a^2} + \dfrac{y^2}{b^2} = 1$ $(-a \leqq x \leqq a)$ (**回転楕円体**).

解 求める体積を V とする.

(1) $V = \pi \displaystyle\int_0^h \dfrac{a^2}{h^2}x^2 dx = \pi \dfrac{a^2}{h^2}\left[\dfrac{x^3}{3}\right]_0^h = \dfrac{1}{3}\pi a^2 h.$

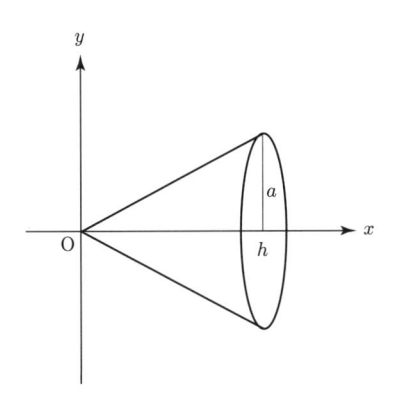

図 12.8 直円錐

(2) $y^2 = \dfrac{b^2}{a^2}(a^2 - x^2)$ であるから

$$V = \pi \int_{-a}^a y^2 dx = \dfrac{2\pi b^2}{a^2}\int_0^a (a^2 - x^2)dx = \dfrac{2\pi b^2}{a^2}\left[a^2 x - \dfrac{x^3}{3}\right]_0^a = \dfrac{4}{3}\pi ab^2.$$

□

12.4 回転体の側面積

回転体を作る回転する関数 $y = f(x)$ が C^1 級であるとしよう. このとき回転体の側面の面積 S を求める. まず分割 (12.3) の小区間において, 集合

$$\{(x, y); x_{k-1} \leqq x \leqq x_k,\ 0 \leqq y \leqq f(x)\}$$

を近似する 4 点 $(x_{k-1}, 0)$, $(x_k, 0)$, $(x_k, f(x_k))$, $(x_{k-1}, f(x_{k-1}))$ を結んでできる台形を考え, これを回転する. そのときの回転面 (側面) の面積 S_k は, $f(x_{k-1}) = f(x_k)$ ならば

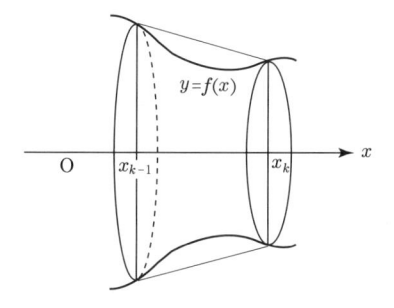

図 12.9 回転体と直円錐台

$$S_k = 2\pi f(x_k)(x_k - x_{k-1}),$$

$f(x_{k-1}) \neq f(x_k)$ のときは，図 12.10 のような扇形の面積に等しい．これは二つの扇形の間の部分の面積であるから，

$$S_k = \pi\{f(x_{k-1}) + f(x_k)\}\sqrt{(f(x_k) - f(x_{k-1}))^2 + (x_k - x_{k-1})^2} \qquad (12.5)$$

となる．実際，中心角が θ，弧の長さが l，半径が r の扇形の面積 s の間には

$$l = r\theta, \quad s = \frac{1}{2}r^2\theta$$

の関係がある．ゆえに

$$S_k = \frac{1}{2}(r_{k-1}^2 - r_k^2)\theta$$
$$= \frac{1}{2}(r_{k-1}\theta + r_k\theta)(r_{k-1} - r_k)$$

となる．ただし図のように x_k に対応する扇形の半径を r_k とし，仮に $f(x_{k-1}) > f(x_k)$ とした．

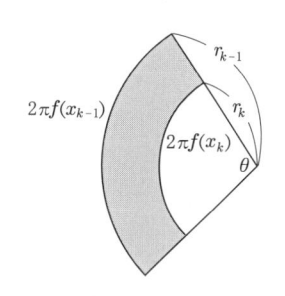

図 12.10 扇形の面積

$$r_k\theta = 2\pi f(x_k), \quad r_{k-1} - r_k = \sqrt{(f(x_{k-1}) - f(x_k))^2 + (x_{k-1} - x_k)^2}$$

である．したがって (12.5) が成り立つ．$f(x_{k-1}) < f(x_k)$ としても同様である．次に平均値の定理から $f(x_k) - f(x_{k-1}) = f'(\xi_k)(x_k - x_{k-1})$ となる $\xi_k \in [x_{k-1}, x_k]$ をとり，S_k の和の極限をとれば

$$\lim_{|\Delta| \to 0} \sum_{k=1}^n S_k = 2\pi \int_a^b f(x)\sqrt{1 + f'(x)^2}\,dx$$

となる．実は和 $\sum_{k=1}^{n} S_k$ はリーマン和

$$\sum_{k=1}^{n} 2\pi f(\xi_k) \sqrt{1 + f'(\xi_k)}\, (x_k - x_{k-1})$$

とは違うが，$f(x)$ の有界閉区間での連続性の性質 (一様連続性：附章参照) より，どちらも同じ極限値に収束することが示される．この極限値 S を回転体の**側面積**という．

$$S = 2\pi \int_a^b f(x) \sqrt{1 + f'(x)^2}\, dx. \qquad (12.6)$$

例題 12.5 半径 a の球面の表面積を求めよ．

解 球面 $x^2 + y^2 + z^2 = a^2$ の表面積 S を求める．この球面は半円 $y = \sqrt{a^2 - x^2}$ を回転したものである．S はその側面積に他ならない．$y' = -\dfrac{x}{\sqrt{a^2 - x^2}}$ より

$$\sqrt{1 + (y')^2} = \frac{a}{\sqrt{a^2 - x^2}}.$$

ゆえに

$$S = 2\pi \int_{-a}^{a} \sqrt{a^2 - x^2} \cdot \frac{a}{\sqrt{a^2 - x^2}}\, dx = 4\pi a \int_0^a dx = 4\pi a^2. \qquad \square$$

演習問題 12

1. 次の曲線や直線で囲まれた図形の面積 S を求めよ．
  (1) $y = x^2 + x + 1, \quad x = -1, \quad x = 1, \quad y = 0$
  (2) $y = x^2, \quad y = -x^2 + 2$
  (3) $\sqrt{x} + \sqrt{y} = \sqrt{a}, \quad x = 0, \quad y = 0 \quad (a > 0)$
  (4) $y = \sin x, \quad y = \cos x, \quad x = \dfrac{\pi}{4}, \quad x = \dfrac{5\pi}{4}$

2. 次の曲線の長さ L を求めよ $(a, b > 0)$．

(1) 懸垂線 $y = a\cosh\dfrac{x}{a}$ の $-b \leqq x \leqq b$ の部分

(2) $\sqrt{x} + \sqrt{y} = \sqrt{a}$

3. 次の平面図形を x 軸のまわりに回転してできる回転体の体積 V を求めよ.

(1) $0 \leqq y \leqq \sin x \quad (0 \leqq x \leqq \pi)$

(2) 円環体 $x^2 + (y-b)^2 \leqq a^2 \quad (b > a > 0)$

4. 次の曲線を x 軸のまわりに一回転してできる回転体の側面積 S を求めよ.

(1) $y = x^2 \quad (0 \leqq x \leqq 1)$

(2) 円環面(トーラス) $x^2 + (y-b)^2 = a^2 \quad (b > a > 0)$

第13章　平面曲線

本章のキーワード

パラメーター表示，接線ベクトル，法線ベクトル，曲率，曲率半径，曲率円，伸開線，縮閉線

13.1　曲線のパラメーター表示

x と y が一つの変数 t の関数であるとする：

$$x = x(t), \quad y = y(t) \quad (\alpha \leqq t \leqq \beta). \tag{13.1}$$

もし $x = x(t)$ の逆関数 $t = t(x)$ が存在すれば

$$y = y(t(x))$$

となって，y は x の関数になる．t は**パラメーター**(助変数) といわれる．

例 13.1　(1)　原点が中心，半径が a $(a > 0)$ の円は

$$x = a\cos t, \quad y = a\sin t \quad (0 \leqq t \leqq 2\pi)$$

と表される．

(2)　**サイクロイド**　パラメーター表示

$$x = a(t - \sin t), \quad y = a(1 - \cos t) \quad (a > 0)$$

をもった曲線はサイクロイドとよばれる．図 13.1 の角 t をパラメーターとして円を x 軸上を滑らないように回転させたときの円周上の点 P の軌跡である．　　□

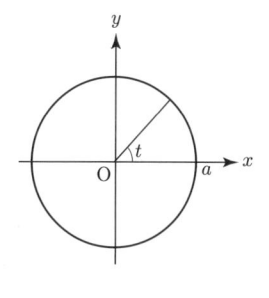

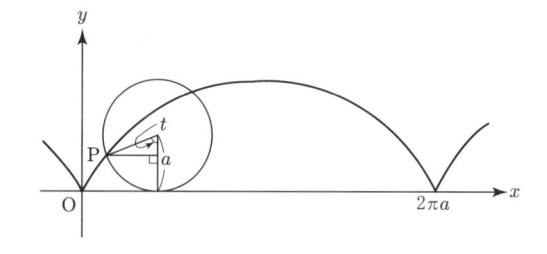

図 13.1 円

図 13.2 サイクロイド

定理 13.1 パラメーター表示 $x = x(t)$, $y = y(t)$ において, $x = x(t)$ の逆関数 $t = t(x)$ が存在して, いずれも微分可能ならば,

$$\frac{dy}{dx} = \frac{\frac{dy}{dt}}{\frac{dx}{dt}}.$$

証明 定理 3.3 より

$$\frac{dy}{dt} = \frac{dy}{dx}\frac{dx}{dt}$$

となるから

$$\frac{dy}{dx} = \frac{\frac{dy}{dt}}{\frac{dx}{dt}}.$$

∎

一般に二つの関数 $x = x(t)$, $y = y(t)$ がある区間を動く t の連続関数であるとき, 点 $(x(t), y(t))$ は t とともに平面上を連続的に動き一つの**曲線** C を表す. t を C の**パラメーター**という. パラメーターのとり方はいろいろある. 例えば $y = f(x)$ $(a \leqq x \leqq b)$ によって表される曲線は x がパラメーターである. パラメーター x に関する導関数は y', y'' で表したが, 混乱を避けるため t に関する導関数を $\dot{y}$, $\ddot{y}$ などと表すことがある. 本書ではこの記法を採用しなかったので何が変数であるかに注意していただきたい. $\dot{x}$, $\ddot{x}$ などはニュートンによって使い始められた記法で, 物理学において時間 t に関する導関数としてよく用いられる.

曲線を極座標の動径成分 r が角の関数である**極方程式**

$$r = F(\theta) \quad (\alpha \leqq \theta \leqq \beta)$$

によって表すのが都合がよいこともある．このときは

$$x = F(\theta)\cos\theta, \quad y = F(\theta)\sin\theta \tag{13.2}$$

がパラメーター表示である．

$x(t)$, $y(t)$ がともに C^1 級で，

$$x'(t)^2 + y'(t)^2 \neq 0$$

であるとき C を**滑らかな曲線**という．有限個の滑らかな曲線からできている連続曲線を**区分的に滑らかな曲線**という．

したがって滑らかな曲線 C の $(x_0, y_0) = (x(t_0), y(t_0))$ における接線の方程式は

$$y - y_0 = \frac{y'(t_0)}{x'(t_0)}(x - x_0)$$

あるいは

$$x - x_0 = \frac{x'(t_0)}{y'(t_0)}(y - y_0)$$

である．すなわち

$$\frac{x - x_0}{x'(t_0)} = \frac{y - y_0}{y'(t_0)}$$

と表すことができる．

曲線 C 上の点 (x_0, y_0) を通り，接線に垂直な直線を**法線**という．法線の方程式は

$$x'(t_0)(x - x_0) + y'(t_0)(y - y_0) = 0.$$

あるいは曲線が $y = f(x)$ と表されるときは

$$y - y_0 = -\frac{1}{f'(x_0)}(x - x_0)$$

である.

曲線の長さ

$$C : x = x(t), \quad y = y(t) \quad (\alpha \leqq t \leqq \beta) \tag{13.3}$$

を滑らかな曲線とする.区間 $[\alpha, \beta]$ は $x'(t) \neq 0$ なる区間と $y'(t) \neq 0$ となる区間の有限個に分けられるから,いま $[\alpha, \beta]$ 全体で $x'(t) \neq 0$ と仮定する.すると $x(t)$ は単調関数になり,C^1 級の逆関数 $t = t(x)$ がある.どちらでも同じだから,単調増加すなわち $x'(t) > 0$ としよう.

$$f(x) = y(t(x)), \quad x(\alpha) = a, \quad x(\beta) = b$$

とおけば,C の長さ L は公式 (12.2) より

$$L = \int_a^b \sqrt{1 + f'(x)^2}\, dx = \int_\alpha^\beta \sqrt{1 + \left(\frac{y'(t)}{x'(t)}\right)^2}\, x'(t)\, dt$$
$$= \int_\alpha^\beta \sqrt{x'(t)^2 + y'(t)^2}\, dt$$

となる.$x'(t) < 0$ としても同じ結論であり,x を y の関数として表しても同様であるから,(13.3) で与えられる C の長さは

$$L = \int_\alpha^\beta \sqrt{x'(t)^2 + y'(t)^2}\, dt$$

である.

例題 13.1 次の曲線の長さ L を求めよ $(a > 0)$.
(1) 円周 $x = a\cos t,\ y = a\sin t \quad (0 \leqq t \leqq 2\pi)$.
(2) サイクロイド $x = a(t - \sin t),\ y = a(1 - \cos t) \quad (0 \leqq t \leqq 2\pi)$.

解 (1) $\dfrac{dx}{dt} = -a\sin t, \quad \dfrac{dy}{dt} = a\cos t$

であるから

$$L = \int_0^{2\pi} \sqrt{(-a\sin t)^2 + (a\cos t)^2}\, dt = a\int_0^{2\pi} dt = 2\pi a.$$

(2) $\dfrac{dx}{dt} = a(1-\cos t), \quad \dfrac{dy}{dt} = a\sin t$

であるから

$$\sqrt{\left(\dfrac{dx}{dt}\right)^2 + \left(\dfrac{dy}{dt}\right)^2} = a\sqrt{(1-\cos t)^2 + \sin^2 t} = a\sqrt{2(1-\cos t)}$$

$$= a\sqrt{4\sin^2 \dfrac{t}{2}} = 2a\sin\dfrac{t}{2}.$$

したがって

$$L = 2a\int_0^{2\pi} \sin\dfrac{t}{2}\, dt = 2a\left[-2\cos\dfrac{t}{2}\right]_0^{2\pi} = 8a. \qquad \Box$$

特に曲線が極方程式

$$r = F(\theta) \quad (\alpha \leqq \theta \leqq \beta)$$

によって表されるときを考えよう．(13.2) によって

$$\left(\dfrac{dx}{d\theta}\right)^2 + \left(\dfrac{dy}{d\theta}\right)^2$$
$$= (F'(\theta)\cos\theta - F(\theta)\sin\theta)^2 + (F'(\theta)\sin\theta + F(\theta)\cos\theta)^2$$
$$= F'(\theta)^2 + F(\theta)^2$$

となり，次の公式を得る．

$$L = \int_\alpha^\beta \sqrt{F'(\theta)^2 + F(\theta)^2}\, d\theta.$$

例題 13.2 カージオイド (心臓形)：

$$r = a(1+\cos\theta) \quad (a > 0,\ 0 \leqq \theta \leqq 2\pi)$$

の長さを求めよ (図 13.3).

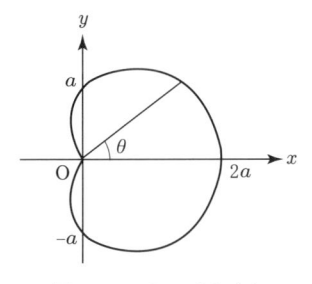

図 13.3 カージオイド

解
$$\frac{dr}{d\theta} = -a\sin\theta$$
であるから
$$r^2 + \left(\frac{dr}{d\theta}\right)^2 = \{a(1+\cos\theta)\}^2 + (-a\sin\theta)^2 = 2a^2(1+\cos\theta) = 4a^2\cos^2\frac{\theta}{2}.$$
よって
$$L = 4a\int_0^\pi \cos\frac{\theta}{2}\,d\theta = 8a\left[\sin\frac{\theta}{2}\right]_0^\pi = 8a. \qquad \square$$

面積

曲線
$$C: x = x(t), \quad y = y(t) \quad (\alpha \leqq t \leqq \beta)$$
が $y = f(x)$ ($a \leqq x \leqq b$) の形に変換できて $f(x) \geqq 0$ であるとき，$y = f(x)$, $y = 0$, $x = a$, $x = b$ で囲まれた縦線集合の面積を S とする．$S = \int_a^b f(x)dx$ に置換積分の公式を使えば

$$S = \int_\alpha^\beta y(t)x'(t)\,dt.$$

極方程式を用いて $0 \leqq r \leqq F(\theta)$ ($\alpha \leqq \theta \leqq \beta$) で与えられた図形の面積 S を求

めよう．区間 $[\alpha, \beta]$ の分割 $\alpha = \theta_0 < \theta_1 < \cdots < \theta_n = \beta$ をとる．$[\theta_{i-1}, \theta_i]$ における $F(\theta)$ の最大値を M_i，最小値を m_i とすれば，$0 \leq r \leq F(\theta)$ $(\theta_{i-1} \leq \theta \leq \theta_i)$ の面積 S_i は半径が m_i と M_i の 2 つの扇形の面積と比較して

$$\frac{1}{2}m_i^2(\theta_i - \theta_{i-1}) \leq S_i \leq \frac{1}{2}M_i^2(\theta_i - \theta_{i-1})$$

となる．したがって

$$\frac{1}{2}\sum_{i=1}^{n} m_i^2(\theta_i - \theta_{i-1}) \leq S \leq \frac{1}{2}\sum_{i=1}^{n} M_i^2(\theta_i - \theta_{i-1}).$$

ここで分割を細かくした極限をとれば最左辺，最右辺ともに同じ定積分に収束し，

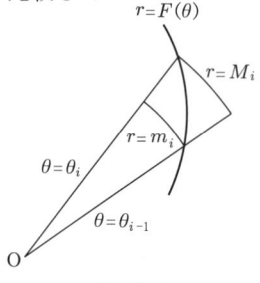

図 13.4

$$S = \frac{1}{2}\int_{\alpha}^{\beta} F(\theta)^2 d\theta.$$

例題 13.3 次の図形の面積 S を求めよ．

(1) サイクロイド：$x = a(t - \sin t), y = a(1 - \cos t)$ $(a > 0)$ の $0 \leq t \leq 2\pi$ の部分と x 軸とで囲まれる図形．

(2) レムニスケート (連珠形)：$r^2 = a^2 \cos 2\theta$ $(a > 0)$ で囲まれる図形 (図 13.5)．

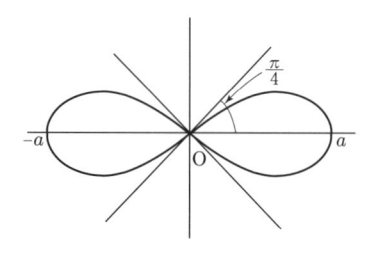

図 13.5 レムニスケート

解 (1) $S = \displaystyle\int_0^{2\pi a} y\, dx = \int_0^{2\pi} a^2(1 - \cos\theta)^2 d\theta$

$= a^2 \displaystyle\int_0^{2\pi} \left(1 - 2\cos\theta + \frac{1 + \cos 2\theta}{2}\right) d\theta$

$$= a^2 \left[\frac{3}{2}\theta - 2\sin\theta + \frac{\sin 2\theta}{4} \right]_0^{2\pi} = 3\pi a^2.$$

(2) 図形の対称性より，S は $0 \leqq \theta \leqq \dfrac{\pi}{4}$ の部分の面積の 4 倍である．

$$S = 4 \cdot \frac{1}{2} \int_0^{\frac{\pi}{4}} a^2 \cos 2\theta \, d\theta = 2a^2 \left[\frac{\sin 2\theta}{2} \right]_0^{\frac{\pi}{4}} = a^2. \qquad \Box$$

13.2 曲率

(13.3) で与えられる滑らかな曲線 C のパラメーターが α から t まで動くときの曲線の長さを $s = s(t)$ とする：

$$s = \int_\alpha^t \sqrt{x'(u)^2 + y'(u)^2} \, du.$$

t で微分すれば

$$\frac{ds}{dt} = \sqrt{\left(\frac{dx}{dt}\right)^2 + \left(\frac{dy}{dt}\right)^2} > 0$$

となる．したがって $s(t)$ の逆関数 $t = t(s)$ を用いて曲線のパラメーターを s に取り替えることができる．そこで

$$X(s) = x(t(s)), \quad Y(s) = y(t(s)) \quad (0 \leqq s \leqq L)$$

と曲線を表す．そのとき

$$s = \int_0^s \sqrt{X'(v)^2 + Y'(v)^2} \, dv$$

となり

$$\left(\frac{dX}{ds}\right)^2 + \left(\frac{dY}{ds}\right)^2 = \left(\frac{ds}{ds}\right)^2 = 1 \tag{13.4}$$

である．接線方向を持ったベクトル

$$\boldsymbol{t} = (X'(s), Y'(s)) = \left(\frac{dX}{ds}, \frac{dY}{ds}\right)$$

を C の $(X(s), Y(s))$ における**接線ベクトル**という．

$$\boldsymbol{t} = \left(\frac{dX}{dt}\frac{dt}{ds}, \frac{dY}{dt}\frac{dt}{ds}\right) = \frac{dt}{ds}\left(\frac{dx}{dt}, \frac{dy}{dt}\right)$$

であるから，ベクトル t の方向は C の接線方向である．(13.4) を s で微分することによって

$$\frac{dX}{ds}\frac{d^2X}{ds^2} + \frac{dY}{ds}\frac{d^2Y}{ds^2} = 0 \tag{13.5}$$

が得られる．ここで

$$a = \left(\frac{d^2X}{ds^2}, \frac{d^2Y}{ds^2}\right)$$

とおけば，(13.5) は t と a との内積が 0, すなわち直交していることを示している．

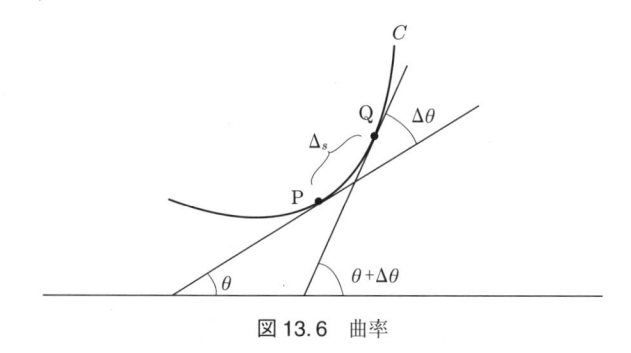

図 13.6　曲率

t と x 軸の正方向とのなす角を θ とする．すると

$$\tan\theta = \frac{dY}{ds}\bigg/\frac{dX}{ds} = \frac{dy}{dt}\bigg/\frac{dx}{dt}$$

である．θ が増加するということは曲線が左側に曲がるということである．そこで

$$\kappa = \frac{d\theta}{ds} = \lim_{Q\to P}\frac{\Delta\theta}{\Delta s}$$

を**曲率**という．またその絶対値の逆数

$$\rho = \frac{1}{|\kappa|}$$

を**曲率半径**という．ただし，$\kappa = 0$ のときは $\rho = \infty$ と考える．

$$\theta = \tan^{-1}\left(\frac{dY}{ds}\bigg/\frac{dX}{ds}\right)$$

であるから

$$\kappa = \cfrac{1}{1+\left(\cfrac{dY}{ds}\bigg/\cfrac{dX}{ds}\right)^2}\cfrac{d}{ds}\left(\cfrac{dY}{ds}\bigg/\cfrac{dX}{ds}\right) = \cfrac{\cfrac{dX}{ds}\cfrac{d^2Y}{ds^2}-\cfrac{dY}{ds}\cfrac{d^2X}{ds^2}}{\left(\cfrac{dX}{ds}\right)^2+\left(\cfrac{dY}{ds}\right)^2}$$

となる．分母は 1 であるから

$$\kappa = \frac{dX}{ds}\frac{d^2Y}{ds^2} - \frac{dY}{ds}\frac{d^2X}{ds^2}.$$

これと (13.4), (13.5) より
$$\kappa\frac{dY}{ds} = \frac{dX}{ds}\frac{d^2Y}{ds^2}\frac{dY}{ds} - \left(\frac{dY}{ds}\right)^2\frac{d^2X}{ds^2}$$
$$= \frac{dX}{ds}\frac{d^2Y}{ds^2}\frac{dY}{ds} - \left(1-\left(\frac{dX}{ds}\right)^2\right)\frac{d^2X}{ds^2}$$
$$= -\frac{d^2X}{ds^2} + \frac{dX}{ds}\left(\frac{dX}{ds}\frac{d^2X}{ds^2} + \frac{dY}{ds}\frac{d^2Y}{ds^2}\right) = -\frac{d^2X}{ds^2}.$$

同様に
$$\kappa\frac{dX}{ds} = \frac{d^2Y}{ds^2}$$

が得られる．いま
$$\boldsymbol{n} = \left(-\frac{dY}{ds}, \frac{dX}{ds}\right)$$

とおけば，$\boldsymbol{n}$ は接線ベクトル $\boldsymbol{t}$ を $\pi/2$ だけ正方向に回転したベクトルで，$\boldsymbol{t}$ と $\boldsymbol{n}$ は直交する．実際，$\boldsymbol{t} = (\cos\theta, \sin\theta)$ と表すことができるから，$\boldsymbol{n} = (-\sin\theta, \cos\theta) = (\cos(\theta+\pi/2), \sin(\theta+\pi/2))$ である．$\boldsymbol{n}$ は**法線ベクトル**といわれる．そして

$$\boldsymbol{a} = \kappa\boldsymbol{n}$$

という関係になる．曲線上の点 P の近くで曲率 κ が正ならば，s が増加するとき，同じことだが t が増加するとき，その点の近くでは曲線は左に曲がっている．言い換えれば，接線から見て曲線と P を始点とした法線ベクトル $\boldsymbol{n}$ が同じ側にあることを意味する．κ が負ならば反対側である．

曲率を一般のパラメーター t で表そう．

$$\theta = \tan^{-1} \frac{\frac{dy}{dt}}{\frac{dx}{dt}}$$

かつ

$$\kappa = \frac{d\theta}{ds} = \frac{d\theta}{dt}\frac{dt}{ds} = \frac{\frac{d\theta}{dt}}{\sqrt{\left(\frac{dx}{dt}\right)^2 + \left(\frac{dy}{dt}\right)^2}}$$

であるから，t に関する導関数を x', y' 等で表せば

$$\kappa = \frac{x'y'' - y'x''}{((x')^2 + (y')^2)^{\frac{3}{2}}}.$$

特に曲線が $y = f(x)$ で与えられていれば，曲率は

$$\kappa = \frac{f''(x)}{(1 + f'(x)^2)^{\frac{3}{2}}}$$

となる．

例題 13.4 円 $x^2 + y^2 = a^2$ の曲率 κ と曲率半径 ρ を求めよ．

解 $x = a\cos t$, $y = a\sin t$ とパラメーター表示する．

$$x'y'' - y'x'' = a^2 \cos^2 t + a^2 \sin^2 t = a^2$$

であるから

$$\kappa = \frac{a^2}{a^3} = \frac{1}{a}.$$

したがって曲率半径は

$$\rho = a. \qquad \square$$

曲線 C 上の 1 点 P において C に接する円で，半径が C の曲率半径 ρ に等しく，

接線から見て C と同じ側にある円を，P における C の**曲率円**という．

P $= (x(t_0), y(t_0))$ として P における曲率円の中心を Q $= (\xi, \eta)$ とすれば O $= (0, 0)$ を原点とするとき，

$$\overrightarrow{OQ} = \overrightarrow{OP} \pm \rho \boldsymbol{n} = \overrightarrow{OP} + \frac{1}{\kappa}\boldsymbol{n}$$

であるから

$$\xi = x(t_0) - \rho \frac{dY}{ds} = x(t_0) - \frac{x'(t_0)^2 + y'(t_0)^2}{x'(t_0)y''(t_0) - y'(t_0)x''(t_0)} y'(t_0)$$

$$\eta = y(t_0) + \rho \frac{dX}{ds} = y(t_0) + \frac{x'(t_0)^2 + y'(t_0)^2}{x'(t_0)y''(t_0) - y'(t_0)x''(t_0)} x'(t_0)$$

となる．曲線が $y = f(x)$ で与えられたとき，$(x_0, f(x_0))$ における曲率円の中心 (ξ, η) は次の式で与えられる．

$$\xi = x_0 - \frac{(1 + f'(x_0)^2)f'(x_0)}{f''(x_0)},$$

$$\eta = f(x_0) + \frac{1 + f'(x_0)^2}{f''(x_0)}.$$

例題 13.5 放物線 $y = x^2$ 上の点 $(0, 0)$ における曲率円を求めよ．

解 $x = 0$ のとき $y' = 0$, $y'' = 2$ であるから曲率は $\kappa = 2$. ゆえに曲率半径は $\rho = \dfrac{1}{2}$ で，$\xi = 0$, $\eta = \dfrac{1}{2}$. したがって曲率円は

$$x^2 + \left(y - \frac{1}{2}\right)^2 = \frac{1}{4}$$

であり，

$$x^2 + y^2 - y = 0$$

となる． □

13.3 伸開線と縮閉線

曲線 C の曲率円の中心の軌跡 C' を C の**縮閉線**という．また C を C' の**伸開線**という．

例 13.2 円 $C' : x^2 + y^2 = a^2$ 上の点

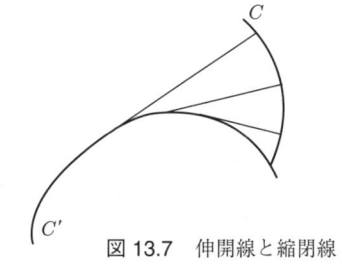

図 13.7 伸開線と縮閉線

$Q = (a\cos t, a\sin t)$ $(t \geqq 0)$ における接線上の t の増加する方向と反対側に (接線ベクトル $\boldsymbol{t}$ で表せば $-\boldsymbol{t}$ の側に) at だけの距離にある点 P をとる．Q が C' 上を動いたときの P の軌跡を C とする．これは円 C' に糸を負の向きに巻き付けて端が点 $(1, 0)$ にあるようにし，糸の端をたるまないように引っ張ってはがしたときの端点の軌跡である．

P の座標 (x, y) は
$$x = a\cos t + at\sin t, \quad y = a\sin t - at\cos t$$
である．
$$x' = at\cos t, \quad y' = at\sin t,$$
$$x'' = a^2 t^2 \cos^2 t, \quad y'' = a^2 t^2 \sin^2 t$$
より，曲率と曲率半径は
$$\kappa = \frac{1}{at}, \quad \rho = at,$$
曲率円の中心は
$$(\xi, \eta) = (a\cos t, a\sin t)$$
である．したがって C の縮閉線は円 C' であり，円 C' の伸開線は C である．

演習問題 13

1. 次の図形の面積を求めよ．
 (1) アステロイド：$x^{\frac{2}{3}} + y^{\frac{2}{3}} = a^{\frac{2}{3}}$ $(a > 0)$ で囲まれる図形
 (2) 正葉形：$x^3 + y^3 - 3axy = 0$ $(a > 0)$ で囲まれた図形

2. 次の曲線の長さ L を求めよ．
 (1) 放物線 $y^2 = 4ax$ $(a > 0)$ の $(0, 0)$ から $(a, 2a)$ までの部分
 (2) アルキメデス螺線：$r = a\theta$ $(a > 0)$ の $\theta = 0$ から $\theta = b$ $(a, b > 0)$ までの部分

3. サイクロイド：$x = a(t - \sin t)$, $y = a(1 - \cos t)$ $(a > 0)$ の曲率円の中心の座標 (ξ, η) は
$$\xi = a(t + \sin t), \quad \eta = a(\cos t - 1)$$

となることを示せ．

4. 放物線：$y^2 = 4px\ (p > 0)$ の縮閉線を求めよ．

第14章 級数

本章のキーワード

無限級数,等比級数,整級数,収束半径,マクローリン級数

14.1 無限級数

級数の収束の定義だけは第1章でしたが,ここではもう少し詳しく無限級数について見よう.まず定義を繰り返しておこう.数列 $\{a_n\}$ から形式的に作った和

$$a_1 + a_2 + \cdots + a_n + \cdots = \sum_{n=1}^{\infty} a_n \tag{14.1}$$

を**級数**といった.その第 n 部分和

$$s_n = \sum_{k=1}^{n} a_k$$

からできる数列 $\{s_n\}$ の収束,発散によって (14.1) の収束,発散が定義され,

$$\lim_{n \to \infty} s_n = s$$

のとき

$$s = \sum_{n=1}^{\infty} a_n$$

と書いて (14.1) の和という.

(14.1) が収束するとき,$m > n$ ならば

$$s_m - s_n = a_{n+1} + \cdots + a_m$$

であって,$n, m \to \infty$ とすれば左辺 $\to s - s = 0$ となる.逆にこのことがあれば

級数は収束するというのが定理 1.3 (コーシーの収束判定条件) であった．特に収束級数では $a_n \to 0$ $(n \to \infty)$ である (定理 1.3 系)．

コーシーの収束判定条件から直ちに導かれる重要な定理を述べよう．

> **定理 14.1** 二つの数列が
> $$|a_n| \leqq b_n \quad (n = 1, 2, \cdots)$$
> をみたすとき，級数 $\sum_{n=1}^{\infty} b_n$ が収束すれば，級数 $\sum_{n=1}^{\infty} a_n$ も収束する．

証明

$$|a_{n+1} + a_{n+2} + \cdots + a_m| \leqq b_{n+1} + b_{n+2} + \cdots + b_m \to 0 \quad (n < m\,;\, n, m \to \infty)$$

となるからである． ∎

特に $b_n = |a_n|$ とすれば，

> **系** 級数 $\sum_{n=1}^{\infty} |a_n|$ が収束すれば，$\sum_{n=1}^{\infty} a_n$ も収束する．

この系のように，各項の絶対値の級数が収束する級数は**絶対収束**するという．

例 14.1（無限等比級数）

$$1 + r + r^2 + \cdots + r^n + \cdots = \sum_{n=0}^{\infty} r^n.$$

第 n 部分和

$$s_n = 1 + r + r^2 + \cdots + r^{n-1}$$

は $r = 1$ のときは n であるから発散する．

$r \neq 1$ のときは

$$s_n - r s_n = 1 - r^n$$

であるから

$$s_n = \frac{1-r^n}{1-r}.$$

したがって

$$\sum_{n=0}^{\infty} r^n = \begin{cases} \dfrac{1}{1-r} & (|r| < 1) \\ 発散 & (|r| \geqq 1). \end{cases}$$

□

数列の極限値の性質 (定理 1.1) によって次の定理が成り立つ.

定理 14.2 $\sum_{n=1}^{\infty} a_n$, $\sum_{n=1}^{\infty} b_n$ が収束すれば,次の左辺の級数は収束し,等式が成り立つ.

(1) $\displaystyle\sum_{n=1}^{\infty}(a_n + b_n) = \sum_{n=1}^{\infty} a_n + \sum_{n=1}^{\infty} b_n.$

(2) $\displaystyle\sum_{n=1}^{\infty} c a_n = c \sum_{n=1}^{\infty} a_n$ (c は定数).

正項級数

すべての項が正数であるような級数を**正項級数**という.正項級数の部分和は単調増加であるから,有界な単調数列は収束するという定理 (附章定理 A.4) によって次の定理が成立する.

定理 14.3 正項級数が収束するための必要十分条件は,第 n 部分和 s_n からなる数列 $\{s_n\}$ が有界になることである.

正項級数 $\sum_{n=1}^{\infty} a_n$ が発散するということは

$$\sum_{n=1}^{\infty} a_n = \infty$$

となることである.

定理 14.2 より次の有用な定理が得られる.

定理 14.4 すべての n で $a_n \leqq b_n$ となる二つの正項級数 $\sum_{n=1}^{\infty} a_n, \sum_{n=1}^{\infty} b_n$ に対して次のことが成立する.

(1) $\sum_{n=1}^{\infty} b_n$ が収束すれば,$\sum_{n=1}^{\infty} a_n$ も収束する.

(2) $\sum_{n=1}^{\infty} a_n$ が発散すれば,$\sum_{n=1}^{\infty} b_n$ も発散する.

定理はある番号から先で $a_n \leqq b_n$ となっていれば成り立つ.もし正数 $R < 1$ と番号 N があって

$$n \geqq N \quad \text{ならば} \quad \frac{a_{n+1}}{a_n} \leqq R \tag{14.2}$$

であるとする.そのとき

$$a_{N+k} \leqq a_{N+k-1} R \leqq \cdots \leqq a_N R^k$$

である.

$$\sum_{k=1}^{\infty} a_N R^k = a_N \sum_{k=1}^{\infty} R^k$$

は無限等比級数で,公比が $0 < R < 1$ であるから収束する.したがって定理 14.3 によって級数 $\sum_{n=1}^{\infty} a_n$ は収束する.

したがって,もし

$$\frac{a_{n+1}}{a_n} \to r < 1 \quad (n \to \infty)$$

ならば,$r < R < 1$ となる R をとれば (14.2) が成り立つから,$\sum_{n=1}^{\infty} a_n$ は収束する.こうして次の定理の (1) が証明された.

定理 14.5(ダランベールの判定法) 正項級数 $\sum a_n$ において

$$\lim_{n \to \infty} \frac{a_{n+1}}{a_n} = r$$

が $r = \infty$ もこめて存在するとき，
(1) $0 \leqq r < 1$ ならば $\sum a_n$ は存在する．
(2) $1 < r \leqq \infty$ ならば $\sum a_n$ は発散する．

証明 (1) はすでに示した．もし $1 < r \leqq \infty$ ならば $1 < R < r$ となる R をとれば，$n \geqq N$ ならば $a_{n+1} > a_n R$ となる N がある．そのとき

$$a_n > a_N R^{n-N} > a_N$$

となり，$n \to \infty$ のとき $a_n \to 0$ とはならない．したがって定理 1.3 の系によって級数は発散する． ∎

もう一つよく使われる判定法を述べておこう．この定理も等比級数との比較をすることによって収束を示す．

定理 14.6（コーシーの判定法） 正項級数 $\sum a_n$ において
$$\lim_{n \to \infty} \sqrt[n]{a_n} = r$$
が $r = \infty$ もこめて存在するとき，
(1) $0 \leqq r < 1$ ならば $\sum a_n$ は存在する．
(2) $1 < r \leqq \infty$ ならば $\sum a_n$ は発散する．

証明 (1) $r < R < 1$ となる R をとる．$n \geqq N$ ならば $\sqrt[n]{a_n} < R$ となる N がある．すると $a_n < R^n$ であり，$\sum R^n$ が収束するから $\sum a_n$ も収束する．
(2) n が十分大きければ $a_n > 1$ となり，$a_n \to 0$ とならないから発散する． ∎

定理 14.5, 定理 14.6 ともに $r = 1$ のときは収束することも発散することもある．

積分の級数の収束への応用

関数 $f(x)$ は $[1, \infty)$ で定義された連続な減少関数で $f(x) > 0$ とする．正項数列 $\{a_n\}$ がすべての n において $f(n) = a_n$ という関係にあるとする．そのとき次の定理が成り立つ．

定理 14.7 正項級数
$$\sum_{n=1}^{\infty} a_n \tag{14.3}$$
が収束するための必要十分条件は，積分
$$\int_1^{\infty} f(x)dx \tag{14.4}$$
が収束することである．

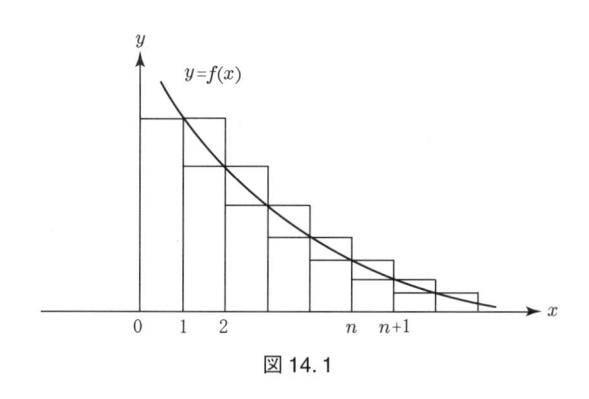

図 14.1

証明 $f(x)$ は減少関数であるから，区間 $k \leqq x \leqq k+1$ において
$$a_k \geqq f(x) \geqq a_{k+1}$$
である．この区間において積分すれば
$$a_k = \int_k^{k+1} a_k\,dx \geqq \int_k^{k+1} f(x)dx \geqq \int_k^{k+1} a_{k+1}\,dx = a_{k+1}$$
となる．したがって級数の第 n 部分和 s_n について
$$s_n \geqq \int_1^{n+1} f(x)dx \geqq s_{n+1} - a_1$$
が成り立つ．ゆえに

(14.3) が発散すれば $s_{n+1} \to \infty$ で $\int_1^{\infty} f(x)dx = \infty$．

また

$$\int_1^\infty f(x)dx = \infty \text{ ならば } s_n \to \infty, \text{ すなわち } \sum_{n=1}^\infty a_n = \infty.$$

したがって (14.3) の発散と (14.4) の発散は同値．よって (14.3) の収束と (14.4) の収束は同値． ∎

例 14.2 無限級数

$$\zeta(s) = \sum_{n=1}^\infty \frac{1}{n^s}$$

は s の関数としてリーマンのゼータ関数という．例 11.3 により積分

$$\int_1^\infty \frac{dx}{x^s}$$

は $s > 1$ のとき収束し，$s \leqq 1$ のとき発散する．したがってゼータ関数は $s > 1$ のとき収束し，$s \leqq 1$ のとき発散する．s の特定値に対する $\zeta(s)$ の値は興味深い．例えば

$$\zeta(2) = \frac{\pi^2}{6}, \quad \zeta(4) = \frac{\pi^4}{90}$$

などが知られている．

例 14.3 例 14.2 より $\sum_{n=1}^\infty \frac{1}{n} = \infty$ である．

$$\sum_{k=1}^n \frac{1}{k} > \int_1^{n+1} \frac{dx}{x} = \log(n+1)$$

であるから

$$a_n = 1 + \frac{1}{2} + \cdots + \frac{1}{n} - \log n > \log(n+1) - \log n = \log \frac{n+1}{n} > 0.$$

この数列 $\{a_n\}$ は

$$a_n - a_{n+1} = \log(n+1) - \log n - \frac{1}{n+1} = \int_n^{n+1} \frac{1}{x} dx - \frac{1}{n+1} > 0$$

となり，下に有界な単調減少数列であるから収束する．この極限値を**オイラーの定数**といい，C で表す（γ で表されることもある）：

$$C = \lim_{n\to\infty} \left(1 + \frac{1}{2} + \cdots + \frac{1}{n} - \log n\right).$$

数値としては

$$C = 0.5772156649\cdots$$

であるが，無理数であるかどうかも分かっていない．　　　　　　　　　　　　　□

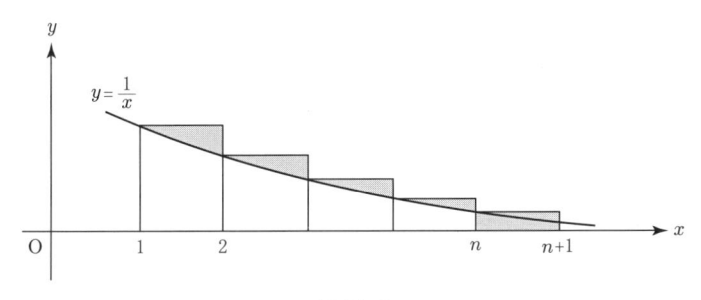

図 14.2

例題 14.1 次の級数の収束，発散を判定せよ．

(1) $\displaystyle\sum_{n=1}^{\infty} \frac{1}{n(n+1)}$　　(2) $\displaystyle\sum_{n=1}^{\infty} \frac{1}{\sqrt{n(n+1)}}$　　(3) $\displaystyle\sum_{n=1}^{\infty} \frac{n^2}{n!}$

解 (1) $\displaystyle\frac{1}{n(n+1)} = \frac{1}{n} - \frac{1}{n+1}$

であるから，第 n 部分和を s_n とすれば

$$s_n = \left(1 - \frac{1}{2}\right) + \left(\frac{1}{2} - \frac{1}{3}\right) + \cdots + \left(\frac{1}{n} - \frac{1}{n+1}\right)$$
$$= 1 - \frac{1}{n+1}.$$

ゆえに

$$\sum_{n=1}^{\infty} \frac{1}{n(n+1)} = 1.$$

(2) $\displaystyle\frac{1}{\sqrt{n(n+1)}} > \frac{1}{\sqrt{(n+1)^2}} = \frac{1}{n+1}$

であって

$$\sum_{n=1}^{\infty} \frac{1}{n+1}$$

は発散するから，与えられた級数は発散する．

(3) $a_n = \dfrac{n^2}{n!}$ とおけば

$$\lim_{n\to\infty} \frac{a_{n+1}}{a_n} = \lim_{n\to\infty} \frac{(n+1)^2}{n^2} \frac{1}{n+1} = 0.$$

ゆえに，ダランベールの判定法により収束する． □

14.2 テイラー級数

$$\sum_{n=0}^{\infty} a_n x^n = a_0 + a_1 x + a_2 x^2 + \cdots + a_n x^n + \cdots \tag{14.5}$$

の形の級数を**整級数**または**べき級数**という．$x=0$ とすれば級数は一つの項 a_0 だけであるからもちろん収束する．等比級数

$$\sum_{n=0}^{\infty} x^n$$

は $|x|<1$ のとき収束し，$|x| \geqq 1$ のとき発散する．(14.5) も x の値によって収束したり，発散したりする．

いま (14.5) が $x = x_0 \, (\neq 0)$ で収束したとしよう．すると定理 1.3 の系によって $a_n x_0^n \to 0 \, (n \to \infty)$ である．したがってすべての n に対して $|a_n x_0^n| \leqq M$ となる正数 M をとることができる．すると $|x|<|x_0|$ となるすべての x に対し

$$|a_n x^n| = |a_n x_0^n| \left|\frac{x}{x_0}\right|^n \leqq M \left|\frac{x}{x_0}\right|^n$$

であって，$|x/x_0|<1$ であるから無限等比級数 $\sum_{n=0}^{\infty} M|x/x_0|^n$ は収束し，したがって定理 14.1 によって整級数 (14.5) は絶対収束する．こうして次の定理が得られた．

定理 14.8 整級数 $\sum_{n=0}^{\infty} a_n x^n$ が $x = x_0 \, (\neq 0)$ で収束すれば，$|x|<|x_0|$ をみたすすべての x で絶対収束する．

この定理によって，整級数 (14.5) に対し次の三つの場合が起こることが分かる．
(1) すべての x に対して収束する．
(2) ある正数 r があって，$|x|<r$ となる x では収束し，$|x|>r$ となる x では発散する．
(3) $x \neq 0$ となる x で発散する．

(2) の r を整級数 (14.5) の**収束半径**という．(1) の場合は収束半径は無限大 $(r=\infty)$，(3) の場合には収束半径が零 $(r=0)$ として，収束半径を拡張して用

いる．

場合によっては (14.5) ではなく，$x = x_0$ を中心とする整級数
$$\sum_{n=0}^{\infty} a_n (x-x_0)^n$$
を考える必要があるが，扱いはまったく同様である．例えば $|x-x_0| < r$ のとき収束し，$|x-x_0| > r$ のとき発散するような r が収束半径である．

収束半径が r である整級数は $|x| < r$ のとき収束して x の関数を表す．それについて次の重要な定理が成り立つ．証明は省略する．

定理 14.9 整級数 $\sum\limits_{n=0}^{\infty} a_n x^n$ の収束半径を $r\,(>0)$ とする．
$$f(x) = \sum_{n=0}^{\infty} a_n x^n \quad (|x| < r)$$
とすれば $f(x)$ は $|x| < r$ で連続関数であって，

(1) **(項別微分)** $f(x)$ は $|x| < r$ で微分可能である．そして
$$f'(x) = \sum_{n=1}^{\infty} n a_n x^{n-1} \quad (|x| < r) \tag{14.6}$$
となる．

(2) **(項別積分)** $|x| < r$ において
$$\int_0^x f(t)\,dt = \sum_{n=0}^{\infty} \frac{a_n}{n+1} x^{n+1}.$$

この定理によれば整級数は $|x| < r$ において微分できて，項別微分した級数 (14.6) の収束半径も r である．したがって $|x| < r$ において何回でも微分可能である．すなわち無限回微分可能である．

いま整級数 $\sum\limits_{n=0}^{\infty} a_n x^n$ において
$$\lim_{n \to \infty} \left| \frac{a_n}{a_{n+1}} \right| = r$$
が $r = \infty$ もこめて存在するとする．そのとき

$$\lim_{n\to\infty}\left|\frac{a_{n+1}x^{n+1}}{a_n x^n}\right|=\frac{|x|}{r}$$

であるから，ダランベールの判定法 (定理 14.5) によって $|x|<r$ なら収束し，$|x|>r$ ならば発散する．したがって

定理 14.10 整級数 $\sum_{n=0}^{\infty} a_n x^n$ において

$$\lim_{n\to\infty}\left|\frac{a_n}{a_{n+1}}\right|=r$$

が $r=\infty$ もこめて存在すれば，r は収束半径に等しい．

同様にコーシーの判定法 (定理 14.6) を用いれば次の定理が得られる．

定理 14.11 整級数 $\sum_{n=0}^{\infty} a_n x^n$ において

$$\lim_{n\to\infty}\frac{1}{\sqrt[n]{|a_n|}}=r$$

が $r=\infty$ もこめて存在すれば，r は収束半径に等しい．

証明

$$\lim_{n\to\infty}\sqrt[n]{|a_n x^n|}=\frac{|x|}{r}$$

であるから，定理 14.6 より $|x|>r$ のとき発散し，$|x|<r$ のとき収束するから，r は収束半径である． ■

例えば級数が偶数べきだけからなるような場合は

$$a_0+a_2 x^2+a_4 x^4+\cdots=\sum_{n=0}^{\infty} a_{2n}(x^2)^n$$

として x^2 の整級数と考え，定理 14.10 または定理 14.11 で収束半径 r を求めれば，$\sqrt{r}$ が求める収束半径となる．

関数 $f(x)$ が C^∞ 級で，$x=a$ におけるテイラーの定理によって

$$f(x) = \sum_{k=0}^{n} \frac{f^{(k)}(a)}{k!}(x-a)^k + R_{n+1}$$

と表したとき，もし

$$\lim_{n \to \infty} R_{n+1} = 0$$

ならば，

$$f(x) = \sum_{n=0}^{\infty} \frac{f^{(n)}(a)}{n!}(x-a)^n \tag{14.7}$$

と $x-a$ の整級数に展開される．(14.7) を $f(x)$ の $x=a$ における**テイラー級数**という．とくに $a=0$ におけるテイラー級数

$$f(x) = \sum_{n=0}^{\infty} \frac{f^{(n)}(0)}{n!} x^n \tag{14.8}$$

を $f(x)$ の**マクローリン級数**という．

整級数 $\sum_{n=0}^{\infty} a_n x^n$ の収束域 $|x| < r$ で定義される関数 $f(x)$ はそこで何回でも項別微分できて

$$f^{(n)}(x) = n! \, a_n + (n+1)n(n-1) \cdots 2 a_{n+1} x \\ + (n+2)(n+1) \cdots 3 a_{n+2} x^2 + \cdots$$

となるから

$$f^{(n)}(0) = n! \, a_n$$

となり

$$a_n = \frac{f^{(n)}(0)}{n!}$$

が得られる．これで元の級数はそのマクローリン級数に等しいことが分かった．このことより，ある関数のマクローリン級数をその関数の**整級数展開**あるいは**べき級数展開**ともいう．

例 14.4 e^x のマクローリン展開 (9.10) における剰余項はすべての $x \in \boldsymbol{R}$ に対し

$$R_{n+1} = e^{\theta x} \frac{x^{n+1}}{(n+1)!} \quad (0 < \theta < 1)$$

であるから，例題 1.3 によって $R_{n+1} \to 0 \ (n \to \infty)$．ゆえに

$$e^x = 1 + \frac{x}{1!} + \frac{x^2}{2!} + \cdots + \frac{x^n}{n!} + \cdots \quad (-\infty < x < \infty). \quad (14.9)$$

例 14.5 $\cos x, \sin x, \cosh x, \sinh x$ のマクローリン展開の剰余項についても同じ理由ですべての x に対して $R_{n+1} \to 0$ $(n \to \infty)$. よって次のマクローリン級数展開が得られる.

$$\cos x = 1 - \frac{x^2}{2!} + \frac{x^4}{4!} - \cdots + (-1)^m \frac{x^{2m}}{(2m)!} + \cdots$$
$$(-\infty < x < \infty). \quad (14.10)$$

$$\sin x = x - \frac{x^3}{3!} + \frac{x^5}{5!} - \cdots + (-1)^m \frac{x^{2m+1}}{(2m+1)!} + \cdots$$
$$(-\infty < x < \infty). \quad (14.11)$$

$$\cosh x = 1 + \frac{x^2}{2!} + \frac{x^4}{4!} + \cdots + \frac{x^{2m}}{(2m)!} + \cdots \quad (-\infty < x < \infty).$$

$$\sinh x = x + \frac{x^3}{3!} + \frac{x^5}{5!} + \cdots + \frac{x^{2m+1}}{(2m+1)!} + \cdots \quad (-\infty < x < \infty).$$

例 14.6 (拡張された 2 項定理)

$$(1+x)^\alpha = 1 + \binom{\alpha}{1}x + \binom{\alpha}{2}x^2 + \cdots + \binom{\alpha}{n}x^n + \cdots \quad (-1 < x < 1).$$

ただし α が非負整数ならば 2 項定理 (定理 4.1) ですべての x について成立する.

証明 ラグランジュの剰余は

$$R_n = \binom{\alpha}{n}(1+\theta x)^{\alpha-n}x^n$$

である.
$$\binom{\alpha}{n}x^n = a_n$$

とおけば，$|x| < 1$ のとき
$$\left|\frac{a_{n+1}}{a_n}\right| = \left|\frac{\binom{\alpha}{n+1}}{\binom{\alpha}{n}}x\right| = \left|\frac{\alpha-n}{n+1}x\right| \to |x| < 1$$

であるから $\sum_{n=0}^{\infty} a_n$ は定理 14.5 によって収束し，$a_n \to 0$ である.
$0 \leqq x < 1$ のとき，$1+\theta x > 1$ より
$$|R_n| = \left|\binom{\alpha}{n}x^n\right|(1+\theta x)^{\alpha-n} \to 0 \quad (n \to \infty).$$

$-1 < x < 0$ のとき，コーシーの剰余を用いれば
$$R_n = \binom{\alpha}{n}n\left(\frac{1-\theta}{1+\theta x}\right)^n(1+\theta x)^{\alpha}(1-\theta)x^n$$

である．$0 < r < 1$ に対してロピタルの定理から
$$\lim_{t\to\infty}tr^t = \lim_{t\to\infty}\frac{t}{r^{-t}} = \lim_{t\to\infty}\frac{1}{-r^{-t}\log r} = 0$$

であるから $nr^n \to 0 \ (n \to \infty)$. したがって
$$(1+\theta x) - (1-\theta) = \theta(1+x) > 0$$

であるから
$$n\left(\frac{1-\theta}{1+\theta x}\right)^n \to 0.$$

また証明の前半での結果より
$$\binom{\alpha}{n}x^n \to 0 \ (n \to \infty).$$

よって

$$R_n \to 0 \quad (n \to \infty).$$

例 14.7

$$\log(1+x) = x - \frac{x^2}{2} + \frac{x^3}{3} + \cdots + (-1)^{n-1}\frac{x^n}{n} + \cdots$$
$$(-1 < x \leqq 1).$$

証明 $0 \leqq x \leqq 1$ のときはラグランジュの剰余を，$-1 < x < 0$ のときはコーシーの剰余を用いて，$(1+x)^\alpha$ の場合と同様に証明される．

演習問題 14

1. 次の級数の収束，発散を判定せよ．

(1) $\displaystyle\sum_{n=1}^{\infty} \frac{(n+1)^2}{n^3}$ (2) $\displaystyle\sum_{n=1}^{\infty} \frac{n}{2^n}$

(3) $\displaystyle\sum_{n=1}^{\infty} \frac{1}{n+1}\left(1 - \frac{1}{\sqrt{n}}\right)$ (4) $\displaystyle\sum_{n=1}^{\infty} \left(1 - \frac{1}{n}\right)^{n^2}$

2. 次の整級数の収束半径を求めよ．

(1) $\displaystyle\sum_{n=0}^{\infty} nx^n$ (2) $\displaystyle\sum_{n=0}^{\infty} n!\, x^n$

(3) $\displaystyle\sum_{n=0}^{\infty} \frac{n}{2^n} x^n$ (4) $\displaystyle\sum_{n=2}^{\infty} n(n-1)x^{n-2}$

3. 次の関数を $x = 0$ における整級数に展開せよ．

(1) $a^x \quad (a > 0)$ (2) $\sin x \cos x$

4. 項別積分によって次の関数のマクローリン展開を求めよ．

(1) $\sin^{-1} x$ (2) $\tan^{-1} x$

第15章 簡単な微分方程式

本章のキーワード

求積法，解，初期条件，1階常微分方程式，2階線形常微分方程式，同次形，基本解

前書き（「はじめに」）において，変動を関数で表すと説明した．本章においては具体的な事象をいくつか取り上げてみる．現実の事象から本質的でないと思われる部分は省略して，数学として表現したものをその事象の**数学モデル**という．ここで扱う数学モデルは，変動を表す関数自身は未知であるが，その導関数についての情報から導関数を含んだ式で表される．このように未知関数の導関数を含んだ式を**微分方程式**という．微分方程式からその未知関数を求めることを微分方程式を**解く**という．

15.1 放射性物質の崩壊のモデル

ある種の原子核は粒子や電磁波を放出して，別の原子核に変わる．これを放射性崩壊という．ある物質の中のその原子に着目して時刻 t における個数を $N = N(t)$ とする．別の原子が崩壊することによってその原子に変わってこないと仮定すれば，時間が経過すれば N は減少する．$N(t)$ は本来個数であるから整数値をとるのだが，数学モデルを構成するために連続関数であり，必要なだけ微分もできると仮定する．物理学者ラザフォードは，崩壊個数は現在の原子数 N と時間に比例することを主張した．すなわち

$$\Delta N = N(t + \Delta t) - N(t) = -\lambda N(t) \Delta t$$

が成り立つ．ただし λ は物質ごとに決まった正の定数で，崩壊定数とよばれる．すると

$$\frac{\Delta N}{\Delta t} = \frac{N(t+\Delta t) - N(t)}{\Delta t} = -\lambda N$$

となる．$\Delta t \to 0$ の極限を考えれば

$$\frac{dN}{dt} = -\lambda N \qquad (15.1)$$

という式が得られた．これがもっとも単純化された形の放射性物質の崩壊の数学モデルである．

(15.1) は**変数分離形**とよばれる次の微分方程式の一つである．

$$\frac{dy}{dx} = f(x)g(y). \qquad (15.2)$$

定数 y_0 が

$$g(y_0) = 0$$

をみたすならば，定数関数

$$y = y_0$$

は (15.2) の解である．次に $g(y) \neq 0$ とする．(15.2) より

$$\frac{1}{g(y)}\frac{dy}{dx} = f(x).$$

置換積分法により

$$\int \frac{1}{g(y)}\frac{dy}{dx}dx = \int \frac{1}{g(y)}dy$$

であるから

$$\int \frac{1}{g(y)}dy = \int f(x)dx$$

となる．これより y を x の関数として表せば解になる．

解は積分定数を1個含む．微分方程式において積分定数である任意定数を含む解を**一般解**という．これに対し任意定数を指定したものを**特殊解**という．特殊解

を指定する一つの方法は $x = x_0$ のときの y の値 $y(x_0) = y_0$ を与えるものである．これを**初期条件**という．初期条件

$$N(0) = N_0$$

のもとで (15.1) を解いてみよう．$N > 0$ と仮定してよいから，(15.1) より

$$\int \frac{dN}{N} = -\lambda \int dt.$$

ゆえに

$$\log N = -\lambda t + C.$$

したがって

$$N = e^{-\lambda t + C}$$

となるが，初期条件より

$$N_0 = e^C.$$

よって，解は

$$N(t) = N_0 e^{-\lambda t}$$

である．

崩壊定数 λ を実験的に測定する代わりに，原子個数が半分になる期間である半減期を測定する．例えば炭素の同位元素である炭素 14 (^{14}C) の半減期は 5730 年である．半減期を τ とすれば

$$\frac{N_0}{2} = N_0 e^{-\lambda \tau}$$

である．したがって

$$\lambda = \frac{1}{\tau} \log 2$$

という関係にある．^{14}C の場合には崩壊定数は

$$\lambda = 1.210 \times 10^{-4}/\text{year}$$

である．半減期を利用して ^{14}C はしばしば年代測定に用いられる．

生物の増殖問題

　同じ型の方程式は生物の増殖問題にも現れる．ある動物の単位時間当たりの出生数と死亡数がともに現在の個体数 $y = y(t)$ に比例するという仮定のもとで，期間 Δt における出生数が

$$ay(t)\Delta t \quad (a > 0)$$

であり，死亡数が

$$by(t)\Delta t \quad (b > 0)$$

であれば，y は微分方程式

$$\frac{dy}{dt} = ky \quad (k = a - b)$$

をみたす．初期条件 $t = t_0$ のとき

$$y(t_0) = y_0$$

であれば

$$y = y_0 e^{k(t-t_0)}$$

となる．$k > 0$ の場合には $y \to \infty \ (t \to \infty)$ であるから，現実とかけ離れてくる．そこで数学モデルの修正を行う必要がある．例えば $y < M$ かつ $y \to M \ (t \to \infty)$ となるような定数 M があって，y の変動 (増加) が $y, \Delta t$ に比例するだけではなく $M - y$ に比例するという抑止効果も考慮するとする．すると修正された数学モデルは

$$\frac{dy}{dt} = ky(M - y) \tag{15.3}$$

となる．これも変数分離形である．$0 < y < M$ より

$$\int \frac{dy}{y(M - y)} = k \int dt.$$

したがって

$$\frac{1}{M} \log \frac{y}{M - y} = kt + C.$$

$e^{-MC} = C'$ とおいて

$$y = \frac{M}{1 + C'e^{-Mkt}}$$

となる．初期条件 $y_0 = y(t_0)$ により

$$y = \frac{My_0}{y_0 + (M - y_0)e^{-Mk(t-t_0)}}.$$

例 15.1 微分方程式

$$y' = y^2 - 1$$

では，明らかに $y = 1$ と $y = -1$ の定数関数は解である．$y \neq \pm 1$ ならば

$$\frac{y'}{y^2 - 1} = 1 \quad \therefore \quad \int \frac{dy}{y^2 - 1} = \int dx.$$

$$\frac{1}{2} \log \left| \frac{y - 1}{y + 1} \right| = x + C_1.$$

$$\therefore \quad \frac{y - 1}{y + 1} = Ce^{2x} \quad (C = \pm e^{2C_1}).$$

$$\therefore \quad y = \frac{1 + Ce^{2x}}{1 - Ce^{2x}}.$$

これが一般解である．$C \neq 0$ であるが，C として 0 も含めれば解 $y = 1$ は一般解に含まれる．$y = -1$ は含められない．このように一般解に含まれない解を**特異解**という． □

例題 15.1 次の微分方程式を解け．

(1) $xy' + y = 0$ (2) $(1 + x^2)y' = 2xy$

解 (1) $y = 0$ は解である．$y \neq 0$ のとき

$$\int \frac{dy}{y} = -\int \frac{dx}{x}.$$

ゆえに

$$\log |y| = -\log |x| + C_1. \quad \therefore \quad y = \frac{C}{x} \ (C = \pm e^{C_1}).$$

C として 0 も含めれば，解 $y = 0$ もこの形．ゆえに解は

$$y = \frac{C}{x} \quad (C \text{ は任意}).$$

実は解の定義域が $x < 0$ および $x > 0$ であって連結ではない．このようなとき

は，積分定数 C は $x<0$ と $x>0$ で異なってもよい．

(2) $y=0$ は一つの解である．$y\neq 0$ のとき
$$\int \frac{dy}{y} = \int \frac{2x}{1+x^2}\,dx.$$
$$\therefore \quad \log|y| = \log(1+x^2) + C_1.$$
$$\therefore \quad y = C(1+x^2).$$
C を任意定数として，$y=0$ もこの解に含める． □

15.2 ニュートンの冷却の法則

ニュートンの冷却の法則によれば「物体が放射によって失う熱量は，その物体とその周囲との温度差および時間に比例する」．$u=u(t)$ を時刻 t における物体の温度とし，周囲の温度を $q(t)$ とする．単位時間 Δt に減少する温度は $k(>0)$ を定数として $k(u-q)\Delta t$ であるとすれば
$$u(t+\Delta t) - u(t) = -k(u-q)\Delta t$$
となる．したがって数学モデルは
$$\frac{du}{dt} = -k(u-q) \tag{15.4}$$
となる．これは1階線形常微分方程式
$$\frac{dy}{dx} + P(x)y = Q(x) \tag{15.5}$$
の P が定数という特別な場合である．$Q(x)=0$ のとき**同次**，$Q(x)\neq 0$ のとき**非同次**という．

(15.5) を解いてみよう．(15.5) に付随した同次方程式
$$\frac{dy}{dx} + P(x)y = 0 \tag{15.6}$$
の解を用いて (15.5) の解を求める．(15.6) は変数分離形である．$y\neq 0$ のとき
$$\int \frac{dy}{y} = -\int P(x)\,dx$$
であるから，解 $y=0$ も込めて一般解は
$$y = c\exp\left(-\int P(x)\,dx\right) \quad (c \text{ は任意定数}).$$

ここで任意定数 c を x の関数 $v(x)$ で置き換えた y で非同次方程式の解を求める．この方法を**定数変化法**という．

$$y = v \exp\left(-\int P(x)dx\right),$$
$$y' = v' \exp\left(-\int P(x)dx\right) - v \exp\left(-\int P(x)dx\right) P(x)$$

を (15.5) に代入して

$$y' + P(x)y = v' \exp\left(-\int P(x)dx\right) = Q(x).$$
$$\therefore v' = \exp\left(\int P(x)dx\right) Q(x).$$
$$\therefore v = \int \exp\left(\int P(x)dx\right) Q(x)dx + C.$$

よって

$$y = C \exp\left(-\int P(x)dx\right)$$
$$+ \exp\left(-\int P(x)dx\right) \int \exp\left(\int P(x)dx\right) Q(x)dx \quad (15.7)$$

となる．これより線形微分方程式について

「非同次方程式の一般解」＝「付随する同次方程式の一般解」
　　　　　　　　　　　＋「非同次方程式の特殊解」

が成り立つことを示している．

また次のようにしても解くことができる．(15.5) の両辺に

$$\exp\left(\int P(x)dx\right)$$

をかければ

$$\left(\exp\left(\int P(x)dx\right) y\right)' = \exp\left(\int P(x)dx\right) Q(x)$$

となるから，これを積分することによって (15.7) が得られる．

以上の一般論から (15.4) の解を求めよう．$P = k$, $Q = kq$ であるから，物体の温度は式

によって減少する．特に周囲の温度 q が定数のときは

$$u = q + Ce^{-kt}$$

である．ここで初期条件 $u_0 = u(t_0)$ をおけば

$$C = e^{kt_0}(u_0 - q)$$

となるから

$$u = e^{-k(t-t_0)}(u_0 - q) + q \tag{15.8}$$

である．

もちろん最後の単純な場合は，(15.4) において $y = u - q$ とおけば

$$\frac{dy}{dt} = -ky$$

と変数分離形の微分方程式である．これを解いても (15.8) が得られる．

例題 15.2 次の 1 階線形常微分方程式を解け．

(1) $y' + 2y = e^{-x}$ (2) $y' + xy = -x$

解 (1) 両辺に $\exp\left(\int 2\,dx\right) = e^{2x}$ をかけて

$$(e^{2x}y)' = e^x$$

より

$$e^{2x}y = e^x + C$$
$$\therefore\ y = e^{-x} + Ce^{-2x}.$$

(2) 両辺に $\exp\left(\int x\,dx\right) = e^{\frac{x^2}{2}}$ をかけて

$$y = e^{-\frac{x^2}{2}}\left(-\int xe^{\frac{x^2}{2}}\,dx\right)$$
$$= e^{-\frac{x^2}{2}}(-e^{\frac{x^2}{2}} + C) = -1 + Ce^{-\frac{x^2}{2}}. \qquad \square$$

15.3 バネの振動

バネの先端に取り付けられた質量 m の質点 P の運動を考える．バネの伸びが大きくないときは，質点にかかるバネの力はバネの伸びに比例する (**フックの法則**)．比例定数 (これをバネ定数という) を $k\,(>0)$ とする．理想化した状態を考えて座標を設定する．図 15.1 のように質点があるとする．ここで重力の影響は考えず，最初はバネによる力のみを考える．したがって重さのないバネの一方が壁に固定され，質点 P は摩擦のない台の上をバネの力だけで伸び縮みしているとする．バネの伸縮がない点 (これを**平衡点**という) O を座標の原点とし，伸びの向きを正，縮む向きを負として，時刻 t のときの P の位置を $x = x(t)$ とする．x はバネの伸び (縮み) を表す．するとバネによる力は P の運動と逆方向にかかる．ニュートンの運動の第 2 法則 (「力」＝「質量」×「加速度」) によって

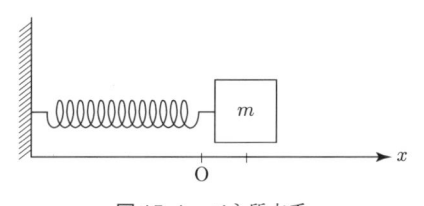

図 15.1 バネ質点系

$$m\frac{d^2x}{dt^2} = -kx \tag{15.9}$$

というバネ質点系の数学モデルが得られる．

一般に p, q を定数として

$$\frac{d^2x}{dt^2} + p\frac{dx}{dt} + qx = 0 \tag{15.10}$$

は**定数係数 2 階線形同次常微分方程式**とよばれる．例えば

$$x'' = 0 \tag{15.11}$$

であれば，積分することにより

$$x' = c_1, \qquad x = c_1 t + c_2$$

と二つの任意定数 c_1, c_2 を含んだ解になる．方程式 (15.10) は二つの解 $x = x_1(t)$ と $x = x_2(t)$ で一方が他方の定数倍とはならないものがあり，任意の解 (**一般解**) x

は適当な定数 c_1, c_2 によって

$$x = c_1 x_1 + c_2 x_2$$

と表されることが知られている．上のような二つの解 x_1 と x_2 を**基本解**という．(15.11) の場合は $x_1 = t$, $x_2 = 1$ である．

(15.9) において $\omega = \sqrt{k/m}$ とおけば

$$x'' = -\omega^2 x$$

となる．容易に分かるように $x = \cos\omega t$, $x = \sin\omega t$ は解である．したがって一般解は

$$x = c_1 \cos\omega t + c_2 \sin\omega t \tag{15.12}$$

となる．

定数は初期値を指定すれば決定できる．たとえば $t = 0$ のとき $x = x_0$ のところまでバネを引っ張って (あるいは押し縮めて) おいて，そっと手を離すと仮定する．手を離したとき速度が 0 であるから，これは初期条件

$$x(0) = x_0, \quad x'(0) = 0$$

が与えられたことになる．$x' = -\omega c_1 \sin\omega t + \omega c_2 \cos\omega t$ であるから，

$$c_1 = x_0, \quad c_2 = 0$$

となり，解は

$$x = x_0 \cos\omega t$$

である．

一般解 (15.12) は

$$A = \sqrt{c_1^2 + c_2^2}, \quad \phi_0 = \tan^{-1}\frac{c_1}{c_2}$$

とおけば

$$x = A\sin(\omega t + \phi_0)$$

となる．これは**単調和振動**とよばれる振動で，振幅が A で，周期が

$$T = \frac{2\pi}{\omega} = 2\pi\sqrt{\frac{m}{k}}$$

である．
$$f = \frac{1}{T} = \frac{1}{2\pi}\sqrt{\frac{k}{m}}$$
を**振動数**あるいはこの質点系の**固有振動数**という．これに対して ω は**角振動数**とよばれる．また ϕ_0 は $t=0$ における位相のずれといわれる．

整級数の重要なところは変数を複素数に拡張できることである．すなわち $\sum_{n=0}^{\infty} a_n x^n$ の収束半径が r ならば $|z| < r$ となる複素数 z を代入しても級数が意味をもち，項別微分もできる．例えば α が複素数でも
$$\frac{d}{dt}e^{\alpha t} = \alpha e^{\alpha t}$$
が成り立つ．$i = \sqrt{-1}$ を -1 の平方根の一つとする．e^x の整級数展開 (14.9) の x の代わりに ix を入れてみる．すると $i^2 = -1$ であるから
$$\begin{aligned} e^{it} &= 1 + it - \frac{t^2}{2!} - i\frac{t^3}{3!} + \frac{t^4}{4!} + i\frac{t^5}{5!} - \cdots \\ &= \left(1 - \frac{t^2}{2!} + \frac{t^4}{4!} - \frac{t^6}{6!} + \cdots\right) + i\left(t - \frac{t^3}{3!} + \frac{t^5}{5!} - \frac{x^7}{7!} + \cdots\right) \end{aligned}$$
となるが，(14.10) および (14.11) によって
$$e^{it} = \cos t + i\sin t. \tag{15.13}$$
これを**オイラーの公式**という．すると
$$\cos t = \frac{e^{it} + e^{-it}}{2}, \quad \sin t = \frac{e^{it} - e^{-it}}{2i}$$
となる．ここで $a = \frac{1}{2}(c_1 - ic_2)$，$b = \frac{1}{2}(c_1 + ic_2)$ とおくことによって，解 (15.12) は
$$x = ae^{i\omega t} + be^{-i\omega t}$$
と表示される．

(15.10) が $e^{\lambda t}$ を解にもつとすれば
$$\lambda^2 + p\lambda + q = 0$$
となる．この λ についての 2 次方程式を (15.10) の**特性方程式**という．したがって特性方程式が相異なる 2 根 α, β をもつときは $e^{\alpha t}, e^{\beta t}$ が基本解で，一般解は
$$x = ae^{\alpha t} + be^{\beta t}$$

である. $\alpha = \beta$ のときは $e^{\alpha t}$ は一つの解であるが, もう一つは $te^{\alpha t}$ が独立な解となる. 実際, このときは α は実数であって

$$(\lambda - \alpha)^2 = \lambda^2 + p\lambda + q$$

より $2\alpha = -p$, $\alpha^2 = q$ であって, $x = te^{\alpha t}$ とすれば

$$x' = e^{\alpha t} + \alpha t e^{\alpha t}, \quad x'' = 2\alpha e^{\alpha t} + \alpha^2 t e^{\alpha t}$$

となるから

$$\frac{d^2 x}{dt^2} + p\frac{dx}{dt} + qx = (2\alpha + p)e^{\alpha t} + (\alpha^2 + p\alpha + q)te^{\alpha t} = 0$$

である. したがって一般解は

$$x = e^{\alpha t}(at + b)$$

である.

バネ質点系において, 質点が液体の抵抗 (摩擦) を受けて振動するような場合を考えよう. このとき抵抗力は速度に比例して進行方向と逆方向に働く (このような抵抗は線形摩擦といわれる).

$$m\frac{d^2 x}{dt^2} = -kx - c\frac{dx}{dt} \quad (c > 0).$$

すると x は 2 階線形同次方程式

$$m\frac{d^2 x}{dt^2} + c\frac{dx}{dt} + kx = 0 \tag{15.14}$$

の解である. 特性方程式は

$$m\lambda^2 + c\lambda + k = 0$$

である.

$c^2 - 4mk < 0$ のとき, すなわち摩擦が小さいとき

$$\lambda = -\frac{c}{2m} \pm i\omega, \quad \omega = \frac{\sqrt{4mk - c^2}}{2m} = \sqrt{\frac{k}{m} - \frac{c^2}{4m^2}}.$$

したがって

$$x = e^{-\frac{c}{2m}t}(ae^{i\omega t} + be^{-i\omega t})$$

となる. あるいは

$$x = e^{-\frac{c}{2m}t}(c_1 \cos\omega t + c_2 \sin\omega t)$$
$$= Ae^{-\frac{c}{2m}t}\sin(\omega t + \phi_0)$$

と表すことができる．この結果から，摩擦が小さければ平衡点 $(x=0)$ を中心に周期がほとんど T で振動しながら，$t \to \infty$ となれば $|x| \leqq Ae^{-\frac{c}{2m}t} \to 0$ であるから，平衡点に近づいてくる．

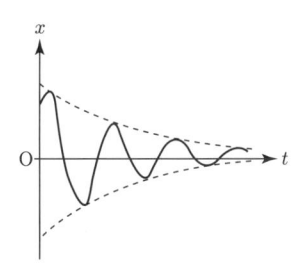

図 15.2 摩擦が小さいとき

次に摩擦が大きい $(c^2 > 4mk)$ 場合を考えよう．このとき一般解は

$$x = c_1 e^{\lambda_1 t} + c_2 e^{\lambda_2 t}$$

である．ただし

$$\lambda_1 = \frac{-c + \sqrt{c^2 - 4mk}}{2m}, \quad \lambda_2 = \frac{-c - \sqrt{c^2 - 4mk}}{2m}$$

で共に負の実数である．このときは質点は急速に平衡点に近づくが，平衡点を通過するのは高々 1 回であることが分かる．

次にバネ質点系に外力が働いた場合を考えよう．一般に

$$\frac{d^2 x}{dt^2} + p\frac{dx}{dt} + qx = f(t) \tag{15.15}$$

の形の方程式を**線形非同次微分方程式**という．

(15.15) の左辺を $L[x]$ とおけば，関数 x, x_1，定数 k に対して

$$L[x + x_1] = L[x] + L[x_1], \quad L[kx] = k[x]$$

が成り立つ．これよりもし x と x_1 が共に (15.15) の解であれば，

$$y = x - x_1$$

とおけば

$$L[y] = L[x] - L[x_1] = f(t) - f(t) = 0$$

となって，y は (15.15) に付随する同次方程式

$$L[x] = 0$$

の解である．したがって何らかの方法で一つ (15.15) の解 (**特殊解**) x_1 を見つければ，一般解 x はその解と付随する同次方程式の解の和で表される．こうして 1 階のときと同じく

「非同次方程式の一般解」＝「付随する同次方程式の一般解」
　　　　　　　　　　　　＋「非同次方程式の特殊解」

が成り立つことが分かった．

バネ質点系 (15.14) に**強制振動**とよばれる外力 $B\cos\omega_0 t$ が働くと仮定する．B, ω_0 は既知であるとする．$c = 0$, すなわち摩擦がなく単調和振動しているとき一般解を求めてみよう．

$$m\frac{d^2 x}{dt^2} + kx = B\cos\omega_0 t$$

の特殊解を求めるために $x = C\cos\omega_0 t$ とおいてみる．すると

$$C(-m\omega_0^2 + k)\cos\omega_0 t = B\cos\omega_0 t.$$

ゆえに

$$-m\left(\omega_0^2 - \frac{k}{m}\right)C = B$$

である．$\omega = \sqrt{\dfrac{k}{m}}$ とおこう．もし $\omega_0 \neq \omega$ ならば $C = -\dfrac{B}{m\omega_0^2 - k}$ であって

$$x = A\sin(\omega t + \phi_0) - \frac{B}{m\omega_0 - k}\cos\omega_0 t, \quad \omega = \sqrt{\frac{k}{m}}.$$

$\omega_0 = \omega$ のときは，同次方程式の解 $x = C\sin\omega_0 t$ の係数が t の関数と考えて非同次方程式の解を探す (定数変化法)．

$$x = C(t)\sin\omega_0 t$$

とすれば

$$x' = C' \sin\omega_0 t + \omega_0 C \cos\omega_0 t,$$
$$x'' = C'' \sin\omega_0 t + 2\omega_0 C' \cos\omega_0 t - \omega_0^2 C \sin\omega_0 t.$$

したがって
$$C'' \sin\omega_0 t + 2\omega_0 C' \cos\omega_0 t = \frac{B}{m} \cos\omega_0 t.$$

ゆえに $C'' = 0$, $C' = B/2\omega_0 m$ となり，一つの特殊解
$$x = \frac{B}{2\omega_0 m} t \sin\omega_0 t$$

を得る．したがって一般解は
$$x = A\sin(\omega_0 t + \phi_0) + \frac{B}{2\omega_0 m} t \sin\omega_0 t$$

となる．第2項を見れば，振幅がいくらでも大きくなることが分かる．この現象を**共鳴**という．

次に $c^2 < 4mk$ として一般解を求めてみよう．
$$m\frac{d^2 x}{dt^2} + c\frac{dx}{dt} + kx = B\cos\omega_0 t, \quad c^2 < 4mk$$

の特殊解を求めるために $x = C\cos(\omega_0 t - \delta)$ とおく．
$$x' = -C\omega_0 \sin(\omega_0 t - \delta), \quad x'' = -C\omega_0^2 \cos(\omega_0 t - \delta)$$

より
$$C(-m\omega_0^2 \cos(\omega_0 t - \delta) - c\omega_0 \sin(\omega_0 t - \delta) + k\cos(\omega_0 t - \delta)) = B\cos\omega_0 t.$$

ここで $t = 0$ と $t = \dfrac{\pi}{2\omega_0}$ とおくことによって
$$\begin{cases} C(-m\omega_0^2 \cos\delta + c\omega_0 \sin\delta + k\cos\delta) = B, \\ C(-m\omega_0^2 \sin\delta - c\omega_0 \cos\delta + k\sin\delta) = 0. \end{cases}$$

ゆえに
$$\tan\delta = \frac{-c\omega_0}{m\omega_0^2 - k}, \quad C = \frac{B}{\sqrt{(m\omega_0^2 - k)^2 + c^2\omega_0^2}}.$$

この δ, C によって一般解は
$$x = Ae^{-\frac{c}{2m}t}\sin(\omega t + \phi_0) + C\cos(\omega_0 t + \delta)$$

となる．$t \to \infty$ とすれば x は**定常状態** $C\cos(\omega_0 t + \delta)$ にいくらでも近づく．

例題 15.3 次の微分方程式を解け.

(1) $y'' - 3y' + 2y = \cos x$ (2) $y'' - 2y' + y = x$

解 (1) 付随する同次方程式の特性方程式 $\lambda^2 - 3\lambda + 2 = 0$ の根は $\lambda = 1, 2$. ゆえにその一般解は $c_1 e^x + c_2 e^{2x}$. 次に非同次方程式の特殊解を求めるために $y = a\cos x + b\sin x$ とおけば

$$(-a\cos x - b\sin x) - 3(-a\sin x + b\cos x) + 2(a\cos x + b\sin x) = \cos x$$

より

$$(a - 3b)\cos x + (3a + b)\sin x = \cos x.$$

ここで $x = 0, \pi/2$ を代入して, $a - 3b = 1, 3a + b = 0$. ゆえに $a = \dfrac{1}{10}$, $b = -\dfrac{3}{10}$. したがって求める解は

$$y = c_1 e^x + c_2 e^{2x} + \frac{1}{10}\cos x - \frac{3}{10}\sin x.$$

(2) 付随する同次方程式の特性方程式の根は重根 1 をもつ. 特殊解を求めるため $y = ax + b$ とおくと $y = x + 2$. ゆえに求める一般解は

$$y = e^x(c_1 x + c_2) + x + 2. \qquad \square$$

演習問題 15

1. 次の微分方程式を解け.

(1) $y' = x(1 + y^2)$ (2) $y\sqrt{1-x^2}\,y' + x\sqrt{1-y^2} = 0$

2. 同次形 $y' = f\left(\dfrac{y}{x}\right)$ は $y = ux$ とおいて u の方程式に直すことによって変数分離形にできる. 次の微分方程式を解け.

(1) $(x + y)y' = x - y$ (2) $(x^2 + y^2)y' = xy$

3. 次の微分方程式を解け.

(1) $y' + \dfrac{1}{x}y = x^2$ (2) $y' - 3y = e^{-x}$

4. 次の微分方程式を解け.

(1) $y'' + y = \sin x$ (2) $y'' + 4y' + 4y = e^x$

附章　極限と連続

A.1　実数

　微分積分学は実数の体系の上に構築されている．しかしここでは実数の構成あるいは何か別のものから実数を定義するということはしないで，実数のもつ特質を述べ，それをもとに極限と連続の説明をすることにする．

　実数全体のなす集合を $\bm{R}$ で表す．最初の重要な性質は加減乗除の四則演算ができるということである．四則とはいっても，減法は加法の逆演算であり，除法は乗法の逆演算である．したがって本質的なのは加法と乗法の二つの演算である．これを公理的に書けば次のようになる．

　集合 $\bm{R}$ の任意の 2 元 a, b に対して，和 $a+b$ と積 ab が $\bm{R}$ の元として決まり，以下の規則 (1)〜(9) をみたす．

(1)　$a+b=b+a$　（交換法則）

(2)　$(a+b)+c=a+(b+c)$　（結合法則）

(3)　すべての a に対して $a+0=a$ をみたす特別な元 0 がある．
　　　　　　　　　　　　　　　　　　　　　　　　（零元の存在）

(4)　任意の $a \in \bm{R}$ に対して $a+a'=0$ となる $a' \in \bm{R}$ がある．
　 $a'=-a$ である．（加法の逆元の存在）

(5)　$ab=ba$　（交換法則）

(6)　$(ab)c=a(bc)$　（結合法則）

(7)　すべての a に対して $a \cdot 1 = a$ をみたす特別な元 1 がある．
　　　　　　　　　　　　　　　　　　　　　　　　（単位元の存在）

> (8) 0 ではない任意の $a \in \boldsymbol{R}$ に対して $aa'' = 1$ となる $a'' \in \boldsymbol{R}$ がある．$a'' = 1/a$ である．(乗法の逆元の存在)
> (9) $a(b+c) = ab + ac$ （分配法則）

減法は $a - b = a + b'$ であり，除法は $a/b = ab''$ である．

一般に集合 K に (1) ～ (9) をみたす2種類の演算があるとき K を**体**という．実数の全体 $\boldsymbol{R}$ は体であり，**実数体**とよばれる．有理数の全体 $\boldsymbol{Q}$，複素数の全体 $\boldsymbol{C}$ も体になり，それぞれ**有理数体**，**複素数体**とよばれる．自然数の全体 $\boldsymbol{N}$ や整数の全体 $\boldsymbol{Z}$ は体ではない．

次の重要な性質は体の演算と整合する順序である．かってな二つの実数 a, b をとれば

$$a < b, \quad a = b, \quad b < a$$

のいずれか一つの関係にあり，関係 $a < b$ は次の性質 (1) ～ (3) をみたす．

(1) $a < b$ かつ $b < c$ ならば $a < c$.
(2) $a < b$ ならば $a + c < b + c$.
(3) $a < b$ かつ $c > 0$ ならば $ac < bc$.

体が (1) ～ (3) をみたす関係 $<$ があるとき，その体は**順序体**とよばれる．実数体 $\boldsymbol{R}$ および有理数体 $\boldsymbol{Q}$ は順序体であるが，複素数体 $\boldsymbol{C}$ はそうではない．$a < b$ または $a = b$ であるとき $a \leqq b$ と表す．

実数体 $\boldsymbol{R}$ と有理数体 $\boldsymbol{Q}$ を区別するものが微分積分学で重要な**連続性**である．

実数の集合 A はある数 a があって，A に属すどの数 x も $x \leqq a$ となるとき，**上に有界**であるという．a を A の**上界**という．また，すべての $x \in A$ に対して $x \geqq b$ となる実数 b が存在するとき，A は**下に有界**といい，b を A の**下界**という．集合 A が上にも下にも有界なとき単に A は**有界**であるという．

a が A の上界ならば a より大きい数はやはり A の上界になるから，最も小さい上界に関心がある．最小の上界が存在するとき，それを A の**上限**といい，

$$\sup A$$

と表す．すなわち $a = \sup S$ とは

(1) どの $x \in S$ に対しても $x \leqq a$,
(2) $a' < a$ なる a' はもはや上界でない．これは $a' < x$ となる $x \in S$ がある
ということである．

A が最大値 $\max A$ をもつときは，これが上限となる．

また，集合 A の最大下界を A の**下限**といい，

$$\inf A$$

と表す．

> **実数の連続性**　上に有界な実数の集合には上限がある．

この実数の連続性は「下に有界な集合には下限がある」と同値である．

実数の場合は，上に有界な集合は実数の中に上限が存在するが，有理数の場合は，例えば集合

$$A = \{x \in \boldsymbol{Q} \mid x^2 < 2 \text{ または } x < 0\}$$

を考えれば分かるように，上に有界であっても有理数の中に上限があるとは限らないのである．実数の連続性から**アルキメデスの原理**と**コーシーの収束条件**が導かれる．

アルキメデスの原理　自然数全体の集合 $\boldsymbol{N}$ は上に有界ではない．

証明　$\boldsymbol{N}$ が上に有界であると仮定してみる．すると実数の連続性より，$\boldsymbol{N}$ の上限 a がある．すると $a-1$ は上限ではないから $a-1 < n_1 < n_2 \leqq a$ となる自然数 n_1, n_2 をとることができる．すると $n_2 - n_1$ は自然数であって $0 < n_2 - n_1 < 1$ となるから矛盾である．ゆえに $\boldsymbol{N}$ は上に有界ではありえない． ∎

A.2　数列の極限

番号づけられた数の列を**数列**という．番号が有限で終わるものを有限数列，無限に続くものを無限数列という．これは自然数に数を対応させる写像であるとも，$\boldsymbol{N}$ またはその部分集合を定義域とする関数であるとも考えることができる．数列の番号は 1 からでなく 0 から始まるものを考えることも多い．ここでは数列とい

えば無限数列をさすものとする．

数列 $a_1, a_2, \cdots, a_n, \cdots$ は定数 α が存在して，n が限りなく大きくなるとき，a_n が限りなく α に近づくならば，この数列は極限値 α に**収束**するといい，

$$\lim_{n \to \infty} a_n = \alpha \quad \text{あるいは} \quad a_n \to \alpha \ (n \to \infty)$$

と表す．これを厳密に言い表すには ε-N 論法が用いられる．

数列 $a_1, a_2, \cdots, a_n, \cdots$ が極限値 α に収束するとは

　任意の正の数 ε に対してある番号 N がとれて，$n \geqq N$ ならば $|a_n - \alpha| < \varepsilon$ が成立する

ことである．数列 $\{a_n\}$ が a に収束すれば

$$||a_n| - |a|| \leqq |a_n - a|$$

であるから，数列 $\{|a_n|\}$ も収束して

$$\lim_{n \to \infty} |a_n| = |a|$$

である．数列が無限大あるいは負の無限大に発散するという定義を述べておこう．

ε-N 論法で述べると次のようになる．

「任意の数 K に対して $n \geqq N$ ならば $a_n > K$ となる自然数 N がとれるとき，数列 $\{a_n\}$ は無限大に発散するといって

$$\lim_{n \to \infty} a_n = \infty$$

と表す．不等号の向きが逆な場合，負の無限大に発散するといって

$$\lim_{n \to \infty} a_n = -\infty$$

と表す」

例 A.1 アルキメデスの原理は

$$\lim_{n \to \infty} n = \infty$$

と表される．これを用いれば

$$\lim_{n \to \infty} \frac{1}{n} = 0$$

が得られる．実際，任意の $\varepsilon > 0$ に対して $1/\varepsilon < N$ となる自然数 N がある．ゆえに $n \geqq N$ ならば

$$\left|\frac{1}{n} - 0\right| = \frac{1}{n} \leqq \frac{1}{N} < \varepsilon$$

となって $\frac{1}{n} \to 0 \ (n \to \infty)$ が示された． □

定理 A.1 収束する数列は有界である．

証明 $a_n \to a \ (n \to \infty)$ として $n \geqq N$ ならば $|a_n - a| < 1$ とする．

$$M = \max\{|a_1|, \cdots, |a_{N-1}|, |a| + 1\}$$

とおけば，M は上界で，$-M$ は下界となる． ∎

収束数列の基本的な性質をあげよう．

定理 A.2 $\lim_{n\to\infty} a_n = a, \ \lim_{n\to\infty} = b$ となる数列 $\{a_n\}, \{b_n\}$ に対して

(1) $\lim_{n\to\infty} (a_n \pm b_n) = a \pm b$.

(2) $\lim_{n\to\infty} a_n b_n = ab$.

(3) $b \neq 0$ ならば
$$\lim_{n\to\infty} \left(\frac{a_n}{b_n}\right) = \frac{a}{b}.$$

(4) ある番号 N_0 より大きい n に対して $a_n \leqq b_n$ ならば $a \leqq b$．

証明 (1) 任意の正数 ε に対して $n \geqq N_1$ ならば $|a_n - a| < \varepsilon/2$，$n \geqq N_2$ ならば $|b_n - b| < \varepsilon/2$ とする．N_1 と N_2 の大きい方を N とすれば，$n \geqq N$ のとき

$$|(a_n \pm b_n) - (a \pm b)| \leqq |a_n - a| + |b_n - b| < \varepsilon/2 + \varepsilon/2 = \varepsilon.$$

(2) 定理 A.1 によって $\{a_n\}$ は有界であるから，ある $M > 0$ によって $|a_n| \leqq M(n = 1, 2, \cdots)$ がみたされるとしよう．任意の正数 ε に対して $n \geqq N$ ならば

$$|a_n - a|, \ |b_n - b| < \frac{\varepsilon}{|b| + M}$$

が成り立つ N を選ぶ. すると $n \geqq N$ ならば

$$|a_n b_n - ab| = |a_n(b_n - b) + (a_n - a)b| \leqq |a_n||b_n - b| + |a_n - a||b|$$
$$< \frac{M\varepsilon}{|b| + M} + \frac{|b|\varepsilon}{|b| + M} = \varepsilon$$

となり証明された.

(3) $b \neq 0$ より, ある自然数 N_1 をとれば, $n \geqq N_1$ であるかぎり $|b_n| > |b|/2$ とできる. また $|a_n|, |b_n| < M$ $(n = 1, 2, \cdots)$ となる正数 M をとる. そこで $N > N_1$ なる自然数 N を, $n \geqq N$ ならば

$$|a_n - a|, |b_n - b| < \frac{|b|^2 \varepsilon}{4M}$$

となるように選ぶ. すると $n \geqq N$ のとき

$$\left| \frac{a_n}{b_n} - \frac{a}{b} \right| = \frac{|a_n b - a b_n|}{|b_n b|}$$
$$\leqq \frac{2}{|b|^2}(|a_n||b - b_n| + |a_n - a||b_n|) < \varepsilon$$

(4) $a > b$ と仮定すれば, $n \geqq N$ ならば $a_n > a - (a-b)/2 = (a+b)/2$ かつ $b_n < b + (a-b)/2 = (a+b)/2$ となる N をとることができる. この N は $N \geqq N_0$ としてもよい. ところがこのとき $n \geqq N$ であれば $n \geqq N_0$ であるにもかかわらず $a_n > b_n$ となり, 仮定と矛盾する. ゆえに $a \leqq b$ でなければならない. ∎

定理 A.2 の (4) より次の系が得られる.

> **系** 数列 $\{a_n\}, \{b_n\}, \{c_n\}$ がある番号以上のすべての n に対して $a_n \leqq c_n \leqq b_n$ をみたし, $\{a_n\}$ と $\{b_n\}$ が同じ極限値 a に収束すれば, $\{c_n\}$ も a に収束する.

無限大に発散する数列に関する次の定理も, 数列の極限を求める場合にしばしば有効である.

> **定理 A.3** (1) 数列 $\{a_n\}, \{b_n\}$ がある番号より大きい n において $a_n \leqq b_n$ が成り立つとする. もし $n \to \infty$ のとき $a_n \to \infty$ ならば $b_n \to \infty$ であり, $b_n \to -\infty$ ならば $a_n \to -\infty$ である.

> (2) $\lim_{n\to\infty} a_n = \pm\infty$ ならば定数 c に対して
> $$\lim_{n\to\infty}(a_n + c) = \pm\infty \quad \text{(複号同順)}.$$
> (3) $\lim_{n\to\infty} a_n = \pm\infty$ ならば定数 $c \neq 0$ に対して
> $$\lim_{n\to\infty}(ca_n) = \pm\infty$$
> が $c > 0$ のときは複号同順で，$c < 0$ のときは複号逆順で成り立つ．
> (4) 数列 $\{a_n\}$ は $a_n \neq 0$ で $\lim_{n\to\infty} a_n = \pm\infty$ ならば
> $$\lim_{n\to\infty}\frac{1}{a_n} = 0.$$

証明は簡単であるので，読者に任せよう．

例 A.2 $a > 0$ とする．
$$\lim_{n\to\infty} a^n = \begin{cases} 0 & (0 < a < 1) \\ 1 & (a = 1) \\ \infty & (a > 1). \end{cases}$$

証明 $a = 1$ のときは明らかである．$a > 1$ のとき $h = a - 1$ とおく．$h > 0$ である．
$$a^n = (1+h)^n = 1 + nh + \binom{n}{2}h^2 + \cdots \geqq 1 + nh \to \infty$$
となり定理 A.3 により $a_n \to \infty$ が得られる．$a < 1$ のときは $1/a > 1$ で
$$\frac{1}{a^n} = \left(\frac{1}{a}\right)^n \to \infty$$
となり $a^n \to 0$ となる． ∎

数列 $a_1, a_2, \cdots, a_n, \cdots$ は $a_1 \leqq a_2 \leqq \cdots \leqq a_n \leqq \cdots$ となるとき，**単調増加数列**であるという．また $a_1 \geqq a_2 \geqq \cdots \geqq a_n \geqq \cdots$ なる数列 $\{a_n\}$ を**単調減少数列**という．単調数列とは，これらのいずれかをさすものとする．

> **定理 A.4** 有界な単調数列は収束する．

証明 数列 $\{a_n\}$ は単調増加数列であるとする．与えられた数列からなる集合は上に有界であるから，実数の連続性により上限が存在する．それを a とする．$a - 1 < a_{n_1} \leqq a$ となる n_1 をとる．次に $a - 1/2 < a_{n_2} \leqq a$, $n_1 < n_2$ となる n_2 をとる．こうして $a - 1/k < a_{n_k} \leqq a$, $n_{k-1} < n_k$ となるように自然数列 $n_1, \cdots, n_k, \cdots$ をとる．任意の整数 ε に対して $1/\varepsilon < L$ となる $L \in \boldsymbol{N}$ をとる．$N = n_L$ とすれば，$n \geqq N$ ならば $a - 1/L < a_{n_L} = a_N \leqq a_n \leqq a$ であるから $|a_n - a| = a - a_n < 1/L < \varepsilon$ となり，a は数列 $a_1, a_2, \cdots, a_n, \cdots$ の極限である． ∎

数列 $\{a_n\}$ から自然数列 $n_1 < n_2 < \cdots < n_k < \cdots$ にしたがって一部を取り出した数列 $\{a_{n_k}\}$ を元の数列の**部分列**という．

> **定理 A.5** 収束する数列の極限値を a とすれば，そのすべての部分列は a に収束する．

証明 任意の ε に対して $n \geqq N$ ならば $|a_n - a| < \varepsilon$ となる N をとり，次に $k \geqq K$ ならば $n_k \geqq N$ となる K をとる．すると $k \geqq K$ ならば $|a_{n_k} - a| < \varepsilon$ となる．したがって $\{a_{n_k}\}$ は a に収束する． ∎

数列の項からなる集合が有界なとき，この数列は**有界**であるという．

> **定理 A.6（ワイエルシュトラスの定理）** 有界な数列は収束する部分列を含む．

証明 数列 $\{a_n\}$ が有界閉区間 $I_1 = [\alpha_1, \beta_1]$ に含まれるとしよう．I を区間 $[\alpha_1, (\alpha_1 + \beta_1)/2]$ と $[(\alpha_1 + \beta_1)/2, \beta_1]$ とに分けてみれば少なくとも一方は数列 $\{a_n\}$ の無限個の項を含む．無限個の項を含む区間のどちらかを $I_2 = [\alpha_2, \beta_2]$ とする．区間 I_2 を 2 分して，そのうちの無限個の項を含む区間のどちらかを $I_3 = [\alpha_3, \beta_3]$ とする．この操作を繰り返して，縮小する区間列 $I_1 \supset I_2 \supset \cdots \supset$

$I_k \supset \cdots$, $I_k = [\alpha_k, \beta_k]$ を作る．そして $n_1 = 1$ とし各区間 $I_k (k = 2, 3, \cdots)$ から a_{n_k} を $n_1 < n_2 < n_3 < \cdots$, $a_{n_k} \neq a_{n_1}, \cdots, a_{n_{k-1}}$ となるようにとる．数列 $\{\alpha_k\}$ は上に有界な単調増加数列であり，数列 $\{\beta_k\}$ は下に有界な単調減少数列であるから，それぞれ極限値 α, β に収束する．ところが

$$0 \leqq \beta - \alpha \leqq \beta_k - \alpha_k = \frac{\beta_1 - \alpha_1}{2^{k-1}} \to 0 \quad (k \to \infty)$$

となって $\alpha = \beta$ である．

$$\alpha_k \leqq a_{n_k} \leqq \beta_k$$

より数列 $\{a_{n_k}\}$ も α に収束する． ∎

数列 $a_1, a_2, \cdots, a_n, \cdots$ は

$$\lim_{m,n \to \infty} (a_n - a_m) = 0$$

が成り立つとき**コーシー列**といわれる．

定理 A.7（コーシーの収束判定定理） 数列が収束するためには，それがコーシー列であることが必要十分である．

証明 数列 $\{a_n\}$ が a に収束しているとする．任意の $\varepsilon > 0$ に対して適当な N をとれば，$n \geqq N$ のとき $|a_n - a| < \varepsilon/2$ とできる．そのとき $n, m \geqq N$ ならば

$$|a_n - a_m| = |(a_n - a) - (a_m - a)| \leqq |a_n - a| + |a_m - a| < \varepsilon.$$

したがって $\lim_{m,n \to \infty} (a_n - a_m) = 0$ となり，$\{a_n\}$ はコーシー列である．

逆に数列 $\{a_n\}$ がコーシー列であるとしよう．$\varepsilon > 0$ を任意に与える．すると $n, m \geqq N$ ならば $|a_n - a_m| < \varepsilon/2$ となる N がある．すると $n \geqq N$ のとき

$$a_N - \frac{\varepsilon}{2} < a_n < a_N + \frac{\varepsilon}{2}$$

であるから，この数列は有界である．したがって収束する部分列 $\{a_{n_k}\}$ がある．その極限値を a とする．すると $k \geqq K$ ならば $|a_{n_k} - a| < \varepsilon/2$ をみたす K がある．$n_K \geqq N$ であると仮定してもよい．すると $n \geqq N$ ならば

$$|a_n - a| \leqq |a_n - a_{n_K}| + |a_{n_K} - a| < \varepsilon/2 + \varepsilon/2 = \varepsilon$$

となって，$\{a_n\}$ 自身も a に収束することが分かる． ∎

　逆にアルキメデスの原理とコーシーの収束判定定理があれば実数の連続性が証明できる．しかし有理数体 $\boldsymbol{Q}$ ではコーシー列が収束するとは限らない．コーシー列が収束する体を**完備体**という．$\boldsymbol{R}$ は完備体である．

級数

　数列 $\{a_n\}$ の形式的な和

$$\sum_{n=1}^{\infty} a_n = a_1 + a_2 + \cdots + a_n + \cdots$$

を**級数**という．これに対して

$$s_n = a_1 + a_2 + \cdots + a_n$$

を上の級数の**第 n 部分和**という．部分和を項とする数列 $\{s_n\}$ が極限値 S に収束するとき，級数 $\sum_{n=1}^{\infty} a_n$ は S に**収束する**といい，

$$\sum_{n=1}^{\infty} a_n = S$$

と表す．S をこの級数の**和**という．数列 $\{s_n\}$ が収束しないとき，級数 $\sum_{n=1}^{\infty} a_n$ は**発散する**という．極限の性質についての定理1.1より次の定理が導かれる．

定理 A.8 級数 $\sum_{n=1}^{\infty} a_n$, $\sum_{n=1}^{\infty} b_n$ が収束すれば，次のおのおのの左辺は収束し右辺に等しい．
(1) $\sum_{n=1}^{\infty} (a_n + b_n) = \sum_{n=1}^{\infty} a_n + \sum_{n=1}^{\infty} b_n$.
(2) $\sum_{n=1}^{\infty} ca_n = c \sum_{n=1}^{\infty} a_n$.

　収束については，コーシーの判定定理より直ちに次の級数に関する判定定理が得られる．

> **定理 A.9** 級数 $\sum_{n=1}^{\infty} a_n$ が収束するための必要十分条件は，任意の $\varepsilon > 0$ に対して，十分大きな番号 N をとれば，$N \leqq m < n$ ならば
> $$|a_{m+1} + \cdots + a_n| < \varepsilon$$
> となることである．

この定理より直ちに次の系が得られる．

> **系** 級数 $\sum_{n=1}^{\infty} a_n$ が収束するならば，$n \to \infty$ のとき $a_n \to 0$ となる．

A.3 関数の極限値

関数 $f(x)$ の定義域を D とする．$x \to a$ のとき $f(x)$ が α に収束することの厳密な定義は次のように ε-δ 論法による．

> 任意の $\varepsilon > 0$ に対して $0 < |x-a| < \delta$, $x \in D$ ならば，$|f(x) - \alpha| < \varepsilon$ となる正の数 δ が存在する．

左側極限値のときは $0 < |x-a| < \varepsilon$ を $0 < a - x < \delta$ で，右側極限値は $0 < x - a < \delta$ で置き換えたものである．

また $x \to \infty$ のときの極限値が α であるというのは，ε-δ 論法では次のような定義となる．

> 任意の $\varepsilon > 0$ に対して $x > L$, $x \in D$ ならば，$|f(x) - \alpha| < \varepsilon$ となる数 L が存在する．

$$\lim_{x \to -\infty} f(x) = \alpha$$

については $x > L$, $x \in D$ を $x < L$, $x \in D$ で置き換える．

また

$$\lim_{x \to a} f(x) = \infty$$

の定義は

　　　任意の数 K に対して $0 < |x - a| < \delta$, $x \in D$ ならば, $f(x) > K$ となる δ が存在する.

となる．その他

$$\lim_{x \to a} f(x) = -\infty, \quad \lim_{x \to a \pm 0} f(x) = \pm\infty, \quad \lim_{x \to \pm\infty} f(x) = \pm\infty$$

などの定義も同様になされる.

ここで定理 1.1 の証明をすることができるが，証明の方針，方法は数列の極限とまったく同様であるので，読者の演習として証明を完成させていただきたい.

A.4　関数の連続性

関数 $f(x)$ の定義域の点 a において

$$\lim_{x \to a} f(x) = f(a)$$

が成り立つとき, $f(x)$ は $x = a$ において**連続**であるといわれる．ε-δ 論法でいえば次のようになる.

　　　任意の $\varepsilon > 0$ に対して $|x - a| < \delta$, $x \in D$ ならば, $|f(x) - f(a)| < \varepsilon$ となる.

また

$$\lim_{x \to a-0} f(x) = f(a) \quad および \quad \lim_{x \to a+0} f(x) = f(a)$$

となるとき，それぞれ $f(x)$ は $x = a$ において右側連続および左側連続であるという．ある集合 S の各点で連続のとき S で連続であるという.

極限の性質より次の定理が成り立つ.

定理 A.10 関数 $f(x)$ と $g(x)$ は集合 S で連続であるとする．すると $f(x) \pm g(x)$ も $f(x)g(x)$ も連続である．また $\dfrac{f(x)}{g(x)}$ は $g(x) \neq 0$ となる

$x \in S$ で連続である．

関数 $y = f(x)$ が集合 D_f で定義され，関数 $z = g(y)$ が集合 D_g で定義されているとする．すると $D = \{x \in D_f | f(x) \in D_g\}$ を定義域とする**合成関数** $z = (g \circ f)(x) = g(f(x))$ が定義される．

定理 A.11 関数 $y = f(x)$ が $x = x_0$ において連続であり，$y_0 = f(x_0) \in D_g$ であって，関数 $z = g(y)$ が $y = y_0$ において連続であれば，合成関数 $z = g(f(x))$ は $x = x_0$ において連続である．

証明 任意の $\varepsilon > 0$ に対して適当な $\delta_1 > 0$ をとれば，$|y - y_0| < \delta_1$, $y \in D_g$ ならば $|g(y) - g(y_0)| < \varepsilon$ となる．この δ_1 に対して $|x - x_0| < \delta$, $x \in D_f$ ならば，$|f(x) - f(x_0)| < \delta_1$ となる $\delta > 0$ をとる．すると $|x - x_0| < \delta$, $x \in D_f$ ならば $|g(f(x)) - g(f(x_0))| = |g(y) - g(y_0)| < \varepsilon$ となり，$z = g(f(x))$ は $x = x_0$ において連続となる． ∎

A.5 指数関数

a を 1 ではない整数とする．自然数 n に対しては
$$a^n = a \cdot a \cdots a \quad (n \text{ 個の積})$$
として定義され，
$$a^{\frac{1}{n}} = \sqrt[n]{a}$$
によって正の有理数 $r = \dfrac{m}{n}$ に対する a^r が，$a^r = \left(a^{\frac{1}{n}}\right)^m$ によって，さらに
$$a^{-r} = 1/a^r, \quad a^0 = 1$$
によって有理数べきが定義される．すると $r, s \in \boldsymbol{Q}$, $r < s$ ならば，$a > 1$ のときは $a^r < a^s$ である．任意の実数 x に対して a^x は次のように定義される．x に下から収束する単調増加数列 $\{r_n\}$ をとれば，数列 $\{a^{r_n}\}$ は上に有界な単調増加数列である．その極限値は x のみによって，数列 $\{r_n\}$ の選び方によらないことが

示される．そこで
$$a^x = \lim_{n\to\infty} a^{r_n}$$
と定める．$0 < a < 1$ のときも同様であるが，$a^x = (1/a)^{-x}$ としてもよい．すると次のことが示される．

(1) $a^{x_1} a^{x_2} = a^{x_1+x_2}$.

(2) $\dfrac{a^{x_1}}{a^{x_2}} = a^{x_1-x_2}$.

(3) $(a^x)^c = a^{cx}$.

A.6 連続関数の性質

集合 D で定義された関数はすべての $x \in D$ に対して $|f(x)| \leqq M$ となる定数 M があるとき**有界**であるという．

定理 A.12 有界閉区間で連続な関数は有界である．

証明 関数 $f(x)$ は区間 $I = [a, b]$ で連続ではあるが上に有界ではないと仮定する．するとどの自然数 n に対しても $f(x_n) > n$ となる $x_n \in I$ を $x_n \neq x_1, \cdots, x_{n-1}$ となるようにとることができる．すると定理 A.6 により数列 $\{x_n\}$ は収束する部分列 $\{x_{n_k}\}$ を含む．その極限値を x_0 とする．$x_0 \in I$ である．すると
$$\lim_{k\to\infty} f(x_{n_k}) = f(x_0)$$
であるが，一方では
$$f(x_{n_k}) > n_k \to \infty \quad (k \to \infty)$$
となり矛盾である．したがって $f(x)$ は I で上に有界である．また同様に下にも有界となる．したがって I で有界となる． ∎

定理 A.13（最大値・最小値の存在定理） 有界閉区間で連続な関数は最大値および最小値をその区間でとる．

証明 関数 $f(x)$ は区間 $I = [a, b]$ において連続であるとする．定理 A.12 によって集合 $\{f(x) \mid x \in I\}$ は有界である．したがって実数の連続性によって上限があるので，それを M としよう．上限の性質より，すべての自然数 n に対して

$$M - \frac{1}{n} < f(x_n) \leqq M$$

となる数 $x_n \in I$ がとれる．$n \neq m$ ならば $x_n \neq x_m$ と仮定できる．ワイエルシュトラスの定理より，有界数列 $\{x_n\}$ は収束部分列

$$\{x_{n_k}\}, \quad \lim_{k \to \infty} x_{n_k} = x_0 \in I$$

を含む．すると

$$f(x_0) = \lim_{k \to \infty} f(x_{n_k}) = M$$

となり x_0 における値が上限 M である．ゆえに M は最大値である．

同様に最小値の存在も証明できる． ∎

定理 A.14（中間値の定理） 関数 $f(x)$ は区間 $I = [a, b]$ において連続で，$f(a) \neq f(b)$ とすれば，$f(a)$ と $f(b)$ の間のすべての値を区間 I においてとる．

証明 $f(a) < f(b)$ と仮定し，$f(a) < \alpha < f(b)$ となる任意の α をとる．連続性より x が a に十分近ければ $f(x) < \alpha$ である．集合

$$A = \{\xi \in (a, b] \mid f(x) < \alpha \ (x \in [a, \xi])\}$$

は空ではない有界集合で b を含まない．この集合の上限を c とする．A 内に c に収束する点列 $\{a_n\}$ をとることができる．すると $f(a_n) < \alpha$ より $f(c) \leqq \alpha$ となる．もし $f(c) < \alpha$ なら，$|x - c| < \delta$ ならば $|f(x) - f(c)| < \alpha - f(c)$ となるような $\delta \, (0 < \delta < \min\{c - a, b - c\})$ をとることができる．すると $[a, c + \delta/2]$ において $f(x) < \alpha$ となり $c + \delta/2 \in A$ である．これは c が A の上限であることに反する．よって $f(c) = \alpha$ でなければならない． ∎

A.7 逆関数

実関数 $y = f(x)$ が集合 $D \subset \mathbf{R}$ で定義されていて，その像 $E = \{y \in \mathbf{R} \mid y = f(x), x \in D\}$ との間の1対1の写像であるとき，$y \in E$ に $y = f(x)$ となる x がただ一つ決まる．それは E を定義域とする関数で $y = f(x)$ の**逆関数**とよばれ，$x = f^{-1}(y)$ と表す．

定理 A.15 関数 $y = f(x)$ が区間 $[a, b]$ で連続であって狭義の単調関数であれば，逆関数 $x = f^{-1}(y)$ が存在し，区間 $f([a, b]) = [c, d]$ において狭義単調な連続関数である．ここで，$f(x)$ が増加ならば $c = f(a)$, $d = f(b)$ で $f^{-1}(y)$ も増加，$f(x)$ が減少ならば $c = f(b)$, $d = f(a)$ で $f^{-1}(y)$ も減少である．

証明 $y = f(x)$ は $[a, b]$ において狭義単調増加であると仮定する．すると任意の $x \in [a, b]$ に対して $f(a) \leqq f(x) \leqq f(b)$ である．任意の $y \in [f(a), f(b)]$ に対して中間値の定理より $y = f(x)$ となる $x \in [a, b]$ がある．$x_1 < x_2$ ならば $f(x_1) < f(x_2)$ であるから，このような x はただ一つ決まり逆関数が確定し，それは狭義単調増加である．$y_0 = f(x_0) \in [f(a), f(b)]$ とする．任意の $\varepsilon > 0$ に対して $\max\{a, x_0 - \varepsilon\} = x_1$, $\min\{b, x_0 + \varepsilon\} = x_2$ とする．$f(a) < y_0 < f(b)$ のときは $\delta = \min\{f(x_2) - f(x_0),\ f(x_0) - f(x_1)\}$, $y_0 = f(a)$ のときは $\delta = f(x_2) - f(x_0)$, $y_0 = f(b)$ のときは $\delta = f(x_0) - f(x_1)$ とおく．すると $|y - y_0| < \delta$, $y \in [f(a), f(b)]$ ならば $|f^{-1}(y) - f^{-1}(y_0)| < \varepsilon$．これは $x = f^{-1}(y)$ が $y = y_0$ において連続であることを示している．

$y = f(x)$ が単調減少のときも同様に証明できる． ∎

微分可能性と微分

関数 $y = f(x)$ が $x = x_0$ において微分可能とは，極限値
$$\lim_{\Delta x \to 0} \frac{f(x_0 + \Delta x) - f(x_0)}{\Delta x}$$
が存在するということで，極限値が微分係数 $f'(x_0)$ である．そこで
$$f(x_0 + \Delta x) - f(x_0) - f'(x_0)\Delta x = \delta(\Delta x)$$

とおけば
$$\frac{\delta(\Delta x)}{\Delta x} \to 0 \quad (\Delta x \to 0)$$
となる．逆に適当な定数 A をとって
$$\delta(\Delta x) = f(x_0 + \Delta x) - f(x_0) - A\Delta x$$
とおくとき
$$f(x_0 + \Delta x) = f(x_0) + A\Delta x + \delta(\Delta x)$$
であって
$$\frac{\delta(\Delta x)}{\Delta x} \to 0 \quad (\Delta x \to 0)$$
がみたされれば，$f(x)$ は $x = x_0$ で微分可能で $A = f'(x_0)$ となる．$\eta(\Delta x) = \delta(\Delta x)/\Delta x$ とおけば次の定理を得る．

定理 A.16 関数 $f(x)$ が $x = x_0$ において微分可能である必要十分条件は
$$f(x_0 + h) = f(x_0) + Ah + \eta(h)h, \quad \eta(h) \to 0 \quad (h \to 0)$$
となる定数 A と h の関数 $\eta(h)$ が存在することである．そのとき $A = f'(x_0)$ である．

関数 $\eta(h)$ は $\eta(0) = 0$ とおいて，$h = 0$ で連続であるとしておいてよい．

この定理により，$y = f(x)$ が $x = x_0$ で微分可能ならば，増分 $\Delta y = f(x + \Delta x) - f(x_0)$ は
$$\Delta y = f'(x_0)\Delta x + \eta(\Delta x)\Delta x$$
であるが，Δx が小さいときは $f'(x_0)\Delta x$ で近似される．これを $(x = x_0)$ における $y = f(x)$ の**微分**といい，dy で表す．とくに $y = x$ の場合を考えれば $dx = \Delta x$ である．したがって x における $y = f(x)$ の微分は
$$dy = df = f'(x)dx$$
である．

A.8 合成関数の微分法

> **定理 A.17** 関数 $y = f(x)$, $z = g(y)$ がそれぞれ微分可能であれば, 合成関数 $z = g(f(x))$ は微分可能で
> $$\frac{dz}{dx} = \frac{dz}{dy}\frac{dy}{dx}$$
> が成り立つ.

証明 定理 A.16 によって

$$\Delta y = f(x + \Delta x) - f(x) = \{f'(x) + \eta_1(\Delta x)\}\Delta x,$$
$$\Delta z = g(y + \Delta y) - g(y) = \{g'(y) + \eta_2(\Delta y)\}\Delta y$$

となり, $\eta_j(t) \to \eta_j(0) = 0$ $(t \to 0)$ $(j = 1, 2)$ をみたす関数 η_j がある. すると

$$\Delta z = \{g'(y) + \eta_2(\Delta y)\}\{f'(x) + \eta_1(\Delta x)\}\Delta x$$
$$= g'(y)f'(x)\Delta x + [g'(y)\eta_1(\Delta x) + f'(x)\eta_2(\Delta y) + \eta_1(\Delta x)\eta_2(\Delta y)]\Delta x$$

である.

$$\eta(\Delta x) = g'(y)\eta_1(\Delta x) + f'(x)\eta_2(\Delta y) + \eta_1(\Delta x)\eta_2(\Delta y)$$

とおけば, $\Delta x \to 0$ のとき $\Delta y \to 0$ であるから

$$\eta(\Delta x) \to 0 \quad (\Delta x \to 0)$$

であって

$$\Delta z = g'(y)f'(x)\Delta x + \eta(\Delta x)\Delta x$$

となる. したがって $g(f(x))$ は微分可能で

$$\frac{dz}{dx} = g'(y)f'(x) = \frac{dz}{dy}\frac{dy}{dx}.$$

A.9 不定形の極限

> **定理 A.18** 関数 $f(x)$ は $x=a$ の近くで $x \neq a$ のとき微分可能であって，$x \to a$ のとき $f(x) \to \infty$, $g(x) \to \infty$ であるとする．もし $x \to a$ のとき $\dfrac{f'(x)}{g'(x)}$ の極限が存在すれば，
> $$\lim_{x \to a} \frac{f(x)}{g(x)} = \lim_{x \to a} \frac{f'(x)}{g'(x)}.$$

証明 左側極限値 $\displaystyle\lim_{x \to a-0} \frac{f(x)}{g(x)}$ と右側極限値 $\displaystyle\lim_{x \to a+0} \frac{f(x)}{g(x)}$ に分けて証明する．仮定によって極限値 $\displaystyle\lim_{x \to a-0} \frac{f'(x)}{g'(x)} = L$ が存在するから，任意の正数 ε に対して，正の数 δ を

$$a - \delta < x < a \quad \text{ならば} \quad \left| \frac{f'(x)}{g'(x)} - L \right| < \varepsilon$$

となるようにとれる．ここで $\varepsilon < 1$ としておく．また $f(x) \to \infty$, $g(x) \to \infty$ であるから，正の数 δ' を $\delta' < \delta$ で，

$$a - \delta' < x < a \quad \text{ならば} \quad \left| \frac{f(a-\delta)}{f(x)} \right| < \varepsilon \quad \text{かつ} \quad \left| \frac{g(a-\delta)}{g(x)} \right| < \varepsilon$$

となるように選ぶ．また，コーシーの平均値の定理により

$$\frac{f(x) - f(a-\delta)}{g(x) - g(a-\delta)} = \frac{f'(c)}{g'(c)}$$

となる $c \in (a-\delta, x)$ が存在する．ゆえに，

$$\frac{f(x)}{g(x)} = \frac{f(x) - f(a-\delta)}{g(x) - g(a-\delta)} \cdot \frac{\dfrac{g(x) - g(a-\delta)}{g(x)}}{\dfrac{f(x) - f(a-\delta)}{f(x)}} = \frac{f'(c)}{g'(c)} \cdot \frac{1 - \dfrac{g(a-\delta)}{g(x)}}{1 - \dfrac{f(a-\delta)}{f(x)}}.$$

$L > 0$ のとき，δ を十分小さくとれば $\dfrac{f'(c)}{g'(c)} > 0$ と仮定できる．すると，$a - \delta' < x < a$ のとき，

$$(L - \varepsilon) \frac{1 - \varepsilon}{1 + \varepsilon} < \frac{f(x)}{g(x)} < (L + \varepsilon) \frac{1 + \varepsilon}{1 - \varepsilon}.$$

ε は任意に小さくできるから，

$$\lim_{x \to a-0} \frac{f(x)}{g(x)} = L$$

となる.

$L < 0$ のときは

$$(L-\varepsilon)\frac{1+\varepsilon}{1-\varepsilon} < \frac{f(x)}{g(x)} < (L+\varepsilon)\frac{1-\varepsilon}{1+\varepsilon}$$

として, $L = 0$ のときは

$$-\varepsilon\frac{1+\varepsilon}{1-\varepsilon} < \frac{f(x)}{g(x)} < \varepsilon\frac{1+\varepsilon}{1-\varepsilon}$$

として同じ結論に達する.

右側極限値についても同様の議論を行えばよい. ∎

A.10 一様連続

関数 $f(x)$ が D で連続とは, $x \in D$ と任意の $\varepsilon > 0$ に対して $|x-x'| < \delta$, $x' \in D$ ならば $|f(x) - f(x')| < \varepsilon$ となる $\delta > 0$ がとれるというものであった. この δ は ε のみではなく x にも依存している. δ が D の点 x によらず, D において共通にとれるとき, $f(x)$ は D で**一様連続**であるという.

例 A.3 $y = x^2$ は $[0, 1]$ において一様連続であるが, $[0, \infty)$ においては一様連続ではない.

解 区間 $[0, 1]$ のとき. 任意の $\varepsilon > 0$ に対して $0 < \delta < \varepsilon/2$ となる δ をとる. すると $|x - y| < \delta$, $x, y \in [0, 1]$ のとき

$$|x^2 - y^2| = |x-y|(x+y) \leqq 2|x-y| < \varepsilon$$

となって一様連続である.

区間 $[0, \infty)$ のとき. $\varepsilon > 0$ に対してどんなに小さく $\delta > 0$ をとり $\delta/2 < |x-y| < \delta$ であっても, $x, y > \varepsilon/\delta$ ならば

$$|x^2 - y^2| = |x-y|(x+y) > \frac{\delta}{2}\frac{2\varepsilon}{\delta} = \varepsilon$$

となり, 一様連続ではない. □

定理 A.19　有界閉集合で連続な関数は一様連続である．

証明　関数 $f(x)$ が有界閉集合 D で連続であるが一様連続ではないと仮定する．すると適当な $\varepsilon > 0$ を選べば，任意の $\delta > 0$ に対して $|x - y| < \delta$ ではあるが $|f(x) - f(y)| \geqq \varepsilon$ となる $x, y \in D$ が存在する．そこで自然数 n に対して

$$|x_n - y_n| < \frac{1}{n}, \quad |f(x_n) - f(y_n)| \geqq \varepsilon$$

となる $x_n, y_n \in D$ をとる．点列 $\{x_n\}$ は D の点 ξ に収束する部分列 $\{x_{n_k}\}$ を含む．すると $\{y_n\}$ の選び方より $y_{n_k} \to \xi\ (k \to \infty)$．すると $f(x)$ の連続性より

$$\varepsilon \leqq \lim_{k \to \infty} |f(x_{n_k}) - f(y_{n_k})| = |f(\xi) - f(\xi)| = 0$$

となって矛盾である．したがって $f(x)$ は D で一様連続でなければならない．■

A.11　関数の積分可能性

関数 $y = f(x)$ は有界閉区間 $I = [a, b]$ で有界であるとする．I の分割

$$\Delta : a = x_0 < x_1 < \cdots < x_n = b$$

を考え，$f(x)$ の第 i 小区間 $[x_{i-1}, x_i]$ における $f(x)$ の上限と下限をそれぞれ M_i と m_i とする．$\xi_i \in [x_{i-1}, x_i]$ となる点列 $\{\xi_i\}_{1 \leqq i \leqq n}$ から作ったリーマン和を

$$R(f, \Delta, \{\xi_i\}) = \sum_{i=1}^{n} f(\xi_i)(x_i - x_{i-1})$$

とする．いま

$$S_\Delta = \sum_{i=1}^{n} M_i(x_i - x_{i-1}), \quad s_\Delta = \sum_{i=1}^{n} m_i(x_i - x_{i-1})$$

とおくとき

$$s_\Delta \leqq R(f, \Delta, \{\xi_i\}) \leqq S_\Delta$$

である．

いま I の分割 Δ, Δ' があるとき，もし Δ の分割点がすべて Δ' の分割点であるとき，Δ' は Δ の細分であるという．すると

$$s_\Delta \leqq s_{\Delta'} \leqq S_{\Delta'} \leqq S_\Delta$$

が成り立つ．また二つの分割 Δ_1 と Δ_2 のすべての分割点を分割点とする分割 Δ' は Δ_1 および Δ_2 の細分である．したがって

$$s_{\Delta_1} \leqq s_{\Delta'} \leqq S_{\Delta'} \leqq S_{\Delta_2}$$

となり，すべての分割を考えるとき $\{S_\Delta\}$ は下に有界であり，$\{s_\Delta\}$ は上に有界である．そこで $\{S_\Delta\}$ の下限を S，$\{s_\Delta\}$ の上限を s とする．$|\Delta| = \max\limits_{1 \leqq i \leqq n}(x_i - x_{i-1})$ とおく．すると次の定理が成り立つ．

定理 A.20（ダルブーの定理）

$$\lim_{|\Delta| \to 0} S_\Delta = S, \quad \lim_{|\Delta| \to 0} s_\Delta = s.$$

証明 任意の $\varepsilon > 0$ に対して $S_{\Delta_0} - S < \varepsilon/2$ となる Δ_0 をとる．Δ_0 の小区間の最小の長さを d_0，分割点の数を p とする．$|\Delta| < d_0$ なる分割は，各小区間の内部に Δ_0 の分割点を高々 1 個しか含まない．Δ の小区間 I_i が Δ_0 の分割点 x'_j によって I_{i1} と I_{i2} に分割されたとする．

$$M_{i1} = \sup_{I_{i1}} f(x), \quad M_{i2} = \sup_{I_{i2}} f(x)$$

とおく．I における $f(x)$ の上限と下限をそれぞれ M と m とする．

$$\begin{aligned}
&M_i(x_i - x_{i-1}) - (M_{i2}(x_i - x'_j) + M_{i1}(x'_j - x_{i-1})) \\
&= (M_i - M_{i2})(x_i - x'_j) + (M_i - M_{i1})(x'_j - x_{i-1}) \\
&\leqq (M - m)(x_i - x_{i-1}) \leqq (M - m)|\Delta|.
\end{aligned}$$

したがって，Δ と Δ_0 の分割点を合わせた分割を Δ' とすれば，

$$S_\Delta - S_{\Delta'} \leqq (M - m)|\Delta|p.$$

したがって $0 < \delta = \min\left\{d_0, \dfrac{\varepsilon}{2(M - m + 1)p}\right\}$ とすれば $|\Delta| < \delta$ となる分割 Δ に対して

$$0 \leqq S_\Delta - S \leqq (S_\Delta - S_{\Delta'}) + (S_{\Delta'} - S) \leqq (S_\Delta - S_{\Delta'}) + (S_{\Delta_0} - S)$$
$$< \frac{\varepsilon}{2} + \frac{\varepsilon}{2} = \varepsilon$$

となり，$|\Delta| \to 0$ のとき $S_\Delta \to 0$ が証明された．s_Δ についても同様． ∎

ダルブーの定理から，$S = s$ ならば $f(x)$ は $[a, b]$ で積分可能である．逆に積分可能ならば積分値を A として，任意の $\varepsilon > 0$ に対して $|\Delta| < \delta$ ならば

$$|R(f, \Delta, \{\xi_i\}) - A| < \varepsilon$$

となる $\delta > 0$ がある．分割の小区間において $M_i - f(\xi_i) < \varepsilon$, $f(\eta_i) - m_i < \varepsilon$ となる ξ_i, η_i をとる．

$$\begin{aligned}
0 \leqq S - s &\leqq S_\Delta - s_\Delta \\
&< R(f, \Delta, \{\xi_i\}) - R(f, \Delta, \{\eta_i\}) + 2\varepsilon \\
&\leqq |R(f, \Delta, \{\xi_i\}) - A| + |A - R(f, \Delta, \{\eta_i\})| + 2\varepsilon \\
&< 4\varepsilon
\end{aligned}$$

であるから $S = s$ である．こうして次の定理が得られた．

定理 A. 21 関数 $f(x)$ が区間 $[s, b]$ で積分可能である必要十分条件は

$$S = s$$

となることである．

関数 $f(x)$ は有界閉区間 $I = [a, b]$ において連続であるとする．すると一様連続であるから，任意の $\varepsilon > 0$ に対して $|x - x'| < \delta$, $x, x' \in [a, b]$ ならば $|f(x) - f(x')| < \varepsilon/(b - a)$ となる $\delta > 0$ がある．区間 I の分割 Δ が $|\Delta| < \delta$ をみたすとする．そのとき $M_i - m_i \leqq \varepsilon/(b - a)$ であるから

$$0 \leqq S_\Delta - s_\Delta \leqq \varepsilon.$$

ゆえに $S = s$ である．したがって次の定理が成り立つ．

定理 A. 22 有界閉区間で連続な関数は，そこで積分可能である．

回転面の側面積

第 12 章で C^1 級関数 $y = f(x)$ $(a \leqq x \leqq b)$ を x 軸のまわりに回転した回転面の表面積を求める過程で

$$\lim_{|\Delta|\to 0} \sum_{k=1}^{n} f(x_k)\sqrt{1+f'(\xi_k)^2}\,(x_k - x_{k-1}) = \int_a^b f(x)\sqrt{1+f'(x)^2}\,dx$$

となることを主張した．$x_k = \xi_k$ $(k = 1, 2, \cdots, n)$ が成り立てば定積分の定義より問題はない．$f(x)$ は $[a, b]$ で連続であるから一様連続である．したがって任意の $\varepsilon > 0$ に対して，$|\Delta| < \delta$ ならば $|f(x_k) - f(\xi_k)| < \varepsilon$ となる $\delta > 0$ をとることができる．またこの δ は $|\Delta| < \delta$ ならば

$$\left|\sum_{k=1}^{n} f(\xi_k)\sqrt{1+f'(\xi_k)^2}\,(x_k - x_{k-1}) - \int_a^b f(x)\sqrt{1+f'(x)^2}\,dx\right| < \varepsilon$$

をみたすと仮定する．また $\sqrt{1+f'(x)^2}$ は積分可能であるから，$|\Delta| < \delta$ ならば

$$\left|\sum_{k=1}^{n} \sqrt{1+f'(\xi_k)^2}\,(x_k - x_{k-1})\right| \leqq M$$

となる定数 M がある．

$$\left|\sum_{k=1}^{n} f(x_k)\sqrt{1+f'(\xi_k)^2}\,(x_k - x_{k-1}) - \int_a^b f(x)\sqrt{1+f'(x)^2}\,dx\right|$$
$$\leqq \sum_{k=1}^{n} |f(x_k) - f(\xi_k)|\sqrt{1+f'(\xi_k)^2}\,(x_k - x_{k-1})$$
$$+ \left|\sum_{k=1}^{n} f(\xi_k)\sqrt{1+f'(\xi_k)^2}\,(x_k - x_{k-1}) - \int_a^b f(x)\sqrt{1+f'(x)^2}\,dx\right|$$
$$\leqq M\varepsilon + \varepsilon$$

となって証明が完成する．

A.12 関数項の無限級数

ある区間で定義された関数列 $\{f_n(x)\}$ はある関数 $f(x)$ に対して各 x で数列の極限として

$$\lim_{n\to\infty} f_n(x) = f(x)$$

となるとき，この関数列は $f(x)$ に**各点収束**するという．これは ε-δ 論法では次のようになる．

「任意の $\varepsilon > 0$ に対して番号 N を適当にとれば，$n \geq N$ ならば $|f_n(x) - f(x)| < \varepsilon$ となる」．

ここで N は ε に依存するが，さらに点 x に依存してもよい．これに対して N が ε と区間には依存するが x には依らないとき，すなわち x に共通な N がとれるとき，関数列 $\{f_n(x)\}$ は関数 $f(x)$ にその区間において**一様収束**するという．

区間 $[0, 1]$ において $f_n(x) = x^n$ とすれば，$f_n(x)$ は連続であるが，

$$\lim_{n \to \infty} x^n = \begin{cases} 0 & (0 \leq x < 1) \\ 1 & (x = 1) \end{cases}$$

で分かるように，極限関数は連続とはならない．これは収束が一様収束ではないからである．一様収束のときは次の定理が成り立つ．

定理 A.23 ある区間において連続な関数列の一様収束極限関数は連続である．

証明 区間 I における連続関数列 $\{f_n(x)\}$ が $f(x)$ に一様収束しているとする．任意の $\varepsilon > 0$ に対して，$n \geq N$ ならばすべての $x \in I$ に対して $|f_n(x) - f(x)| < \varepsilon/3$ となる N をとる．$a \in I$ として，$|x - a| < \delta$ $(x \in I)$ ならば $|f_N(x) - f_N(a)| < \varepsilon/3$ となる δ をとる．すると，$|x - a| < \delta$, $x \in I$ ならば

$$|f(x) - f(a)| \leq |f(x) - f_N(x)| + |f_N(x) - f_N(a)| + |f_N(a) - f(a)| < \varepsilon$$

となるから，$f(x)$ は $x = a$ で連続である． ∎

いま I 上の関数 $f(x)$ に対して

$$\|f\| = \sup_{x \in I} |f(x)|$$

とおく．すると $\|f_n - f\| \to 0$ $(n \to \infty)$ は $\{f_n(x)\}$ が $f(x)$ に一様収束することを意味する．

次の項別積分定理は有用である．

> **定理 A.24（項別積分定理）** 有界区間 $[a,b]$ において積分可能な関数列 $\{f_n(x)\}$ が積分可能な関数 $f(x)$ に一様収束していれば，
> $$\lim_{n\to\infty}\int_a^b f_n(x)dx = \int_a^b f(x)dx$$
> が成り立つ．

証明

$$\left|\int_a^b f_n(x)dx - \int_a^b f(x)dx\right| \leq \|f_n - f\|(b-a) \to 0 \quad (n\to\infty)$$

より． ∎

また項別微分については次のようになる．

> **定理 A.25（項別微分定理）** 有界区間 $[a,b]$ 上の関数列 $\{f_n(x)\}$ が次の条件をみたすとする：
> (1) $n\to\infty$ のとき関数 $f(x)$ に $[a,b]$ 上で各点収束する．
> (2) $f_n(x)$ はすべて C^1 級．
> (3) $\{f_n'(x)\}$ はある関数 $g(x)$ に I 上一様収束する．
>
> このとき $f(x)$ は I 上 C^1 級で
> $$f'(x) = g(x)$$
> が成り立つ．

証明

$$\left|\int_a^x g(t)dt - \int_a^x f_n'(t)dt\right| \leq \|g - f_n'\| |x-a| \leq \|g - f_n'\| |b-a|$$

より関数
$$\int_a^x f_n'(t)dt = f_n(x) - f_n(a)$$

は関数 $\int_a^x g(t)dt$ に一様収束する．したがって

$$\int_a^x g(t)dt = f(x) - f(a)$$

が成り立つ．$g(x)$ は連続になるから

$$\frac{d}{dx}\int_a^x g(t)dt = g(x).$$

ゆえに

$$f'(x) = g(x). \blacksquare$$

整級数

整級数の収束半径は定理 14.10, 定理 14.11 において求め方を述べた．しかしそこにおける極限値は必ず存在するとは限らない．しかし上極限の概念を使えば常に求める方法がある．無限数列 $\{a_n\}$ があるとき，a がこの数列の**上極限**とは，数列が上に有界でないときは $a = \infty$，上に有界であるときは，

(1) 任意の $a' > a$ に対して $a' < a_n$ となる n は有限個しかない．

(2) 任意の $a'' < a$ に対して $a'' < a_n \leqq a$ となる n が必ず存在する．

の 2 条件をみたす a とする．また $a_n \to -\infty$ となるときは $a = -\infty$ とする．このような a は無限数列に対してただ一つある．それを

$$\overline{\lim_{n\to\infty}} a_n$$

と表す．これは部分列が収束する数の最大値ということもできる．

定理 A.26　正項級数 $\sum_{n=1}^{\infty} a_n$ において

$$l = \overline{\lim_{n\to\infty}} \sqrt[n]{a_n}$$

とおくとき，$l < 1$ なら収束し，$l > 1$ なら発散する．

証明　$l < 1$ のときは $l < s < 1$ となる s をとれば，有限個を除いて $\sqrt[n]{a_n} \leqq s$. すなわち $a_n < s^n$ で $\sum s^n$ が収束するから $\sum a_n$ も収束．

$l > 1$ のときは $a_n \to 0$ がみたされないので発散．$\blacksquare$

この定理より直ちに次の定理が従う．

定理 A.27（コーシー - アダマールの定理） 整級数
$$\sum_{n=0}^{\infty} a_n x^n$$
の収束半径を r とすれば
$$\frac{1}{r} = \varlimsup_{n \to \infty} \sqrt[n]{|a_n|}$$
である．ただし右辺が 0 のときは $r = \infty$，無限大のときは $r = 0$ とする．

整級数
$$\sum_{n=0}^{\infty} a_n x^n \tag{A.1}$$
の収束半径を r とする．$0 < r \leqq \infty$ のときは $r' < r$ となる任意の r' に対して，$\sum_{n=0}^{\infty} a_n (r')^n$ は収束する．したがって $\sum_{k=n+1}^{\infty} a_k (r')^k \to 0 \ (n \to \infty)$ となる．ゆえに (A.1) は $|x| \leqq r'$ において一様収束する．このようにある開区間に含まれる任意の有界閉区間で一様収束するとき，級数はその開区間で**広義一様収束**するという．したがって次の定理が得られたことになる．

定理 A.28 整級数の収束半径が r ならば，その級数は $|x| < r$ において広義一様収束する．

また (A.1) を項別微分した級数の収束半径はコーシー - アダマールの定理より
$$\left(\varlimsup_{n \to \infty} \sqrt[n]{(n+1)|a_{n+1}|} \right)^{-1}$$
であるが，$\sqrt[n]{n+1} \to 1$ より (A.1) の収束半径と等しい．したがって前の定理と合わせれば，整級数は $|x| < r$ で自由に項別微分，項別積分ができる．

アーベルの定理

対数関数 $\log(1+x)$ のテイラー級数は
$$\log(1+x) = x - \frac{x^2}{2} + \frac{x^3}{3} - \frac{x^4}{4} + \cdots \quad (|x| < 1)$$

であった．$x=-1$ のとき右辺は調和級数

$$-\left(1+\frac{1}{2}+\frac{1}{3}+\frac{1}{4}+\cdots\right)$$

で発散する．$x=1$ ならば右辺は，交互に符号が変わる級数

$$1-\frac{1}{2}+\frac{1}{3}-\frac{1}{4}+\cdots \tag{A.2}$$

であり，これは収束することが以下のことより分かる．交互に符号が変わる級数を**交項級数**という．交項級数について次の定理が成り立つ．

定理 A.29 数列 $\{a_n\}$ が

$$a_1 \geqq a_2 \geqq \cdots \geqq a_n \geqq \cdots > 0, \quad \lim_{n\to\infty} a_n = 0$$

をみたせば，交項級数

$$\sum_{n=1}^{\infty}(-1)^{n+1}a_n = a_1 - a_2 + a_3 - \cdots$$

は収束する．

証明 第 n 部分和を s_n とする．すると

$$s_{2n+2} = s_{2n} + (a_{2n+1} - a_{2n+2}) \geqq s_{2n}$$

であり，

$$s_{2n} = a_1 - (a_2 - a_3) - \cdots - (a_{2n-2} - a_{2n-1}) - a_{2n} < a_1$$

となるので，数列 $\{s_{2n}\}$ は上に有界な単調増加数列である．したがって収束する．その極限値を s とすれば

$$\lim_{n\to\infty} s_{2n+1} = \lim_{n\to\infty} (s_{2n} + a_{2n+1}) = s$$

となるから，$\sum(-1)^{n+1}a_n$ が収束することが示された． ∎

(A.2) のように収束するが絶対収束しない級数は**条件収束**するといわれる．

さて元に戻って，(A.2) と $\log 2$ とは果たして等しいであろうか．それが等しいことを保証するのが次のアーベルの定理である．

> **定理 A.30（アーベルの定理）** 整級数 $f(x) = \sum_{n=0}^{\infty} a_n x^n$ に対して $\sum_{n=0}^{\infty} a_n$ が収束すれば，$\sum_{n=0}^{\infty} a_n x^n$ は $0 \leqq x \leqq 1$ で一様収束し，$\lim_{x \to 1-0} f(x) = \sum_{n=0}^{\infty} a_n$ である．

証明 $\sum_{n=0}^{\infty} a_n$ が収束するので，第 n 部分和を s_n とすれば任意の $\varepsilon > 0$ に対してある N をとれば $n > N$ のとき $|s_n - s_N| < \varepsilon$ となる．$0 \leqq x \leqq 1$ とすれば $x^k \geqq x^{k+1}$ であるから，$n > m > N$ として $t_n = s_n - s_N$ とおけば

$$
\begin{aligned}
|a_m x^m &+ \cdots + a_n x^n| \\
&= |(s_m - s_{m-1})x^m + (s_{m+1} - s_m)x^{m+1} + \cdots + (s_n - s_{n-1})x^n| \\
&= |(t_m - t_{m-1})x^m + (t_{m+1} - t_m)x^{m+1} + \cdots + (t_n - t_{n-1})x^n| \\
&= |t_m(x^m - x^{m+1}) + \cdots + t_{n-1}(x^{n-1} - x^n) - t_{m-1}x^m + t_n x^n| \\
&\leqq \varepsilon((x^m - x^{m+1}) + \cdots + (x^{n-1} - x^n) + x^m + x^n) = 2\varepsilon.
\end{aligned}
$$

ゆえに級数 $\sum_{n=0}^{\infty} a_n x^n$ は $[0, 1]$ で一様収束する．したがって $x = 1$ での連続性によって

$$f(1) = \lim_{x \to 1-0} f(x) = \sum_{n=0}^{\infty} a_n$$

となる． ∎

この系として

> **系** 整級数 $\sum_{n=0}^{\infty} a_n x^n$ の収束半径を r $(0 < r < 1)$ とする．もし $x = r$ で $\sum_{n=0}^{\infty} a_n x^n$ が収束すれば，
> $$\lim_{x \to r-0} \sum_{n=0}^{\infty} a_n x^n = \sum_{n=0}^{\infty} a_n r^n.$$

証明 x の代わりに xr として定理をあてはめればよい． ∎

アーベルの定理より確かに
$$\log 2 = 1 - \frac{1}{2} + \cdots + (-1)^{n-1}\frac{1}{n} + \cdots$$
であることが分かった．

演習問題の解答

● **演習問題 1** (p.16)

1. $n \to \infty$ のとき,

(1) $n^2 - 10n = n^2\left(1 - \dfrac{10}{n}\right) \to \infty.$

(2) $\dfrac{n^2 + 3n + 2}{2n^2 - 3} = \dfrac{1 + 3/n + 2/n^2}{2 - 3/n^2} \to \dfrac{1}{2}.$

(3) $\dfrac{\sqrt{2n^2 + n + 1}}{n + 1} = \dfrac{\sqrt{2 + 1/n + 1/n^2}}{1 + 1/n} \to \sqrt{2}.$

(4) $\sqrt{n^2 + 2n - 1} - n = \dfrac{(\sqrt{n^2 + 2n - 1} - n)(\sqrt{n^2 + 2n - 1} + n)}{\sqrt{n^2 + 2n - 1} + n}$

$= \dfrac{2n - 1}{\sqrt{n^2 + 2n - 1} + n} \to 1.$

2. $n > 1$ ならば $\sqrt[n]{n} > 1$ であるから, $\sqrt[n]{n} = 1 + a_n$ とおく.

$$n = (1 + a_n)^n = 1 + na_n + \dfrac{n(n-1)}{2}a_n^2 + \cdots > \dfrac{n(n-1)}{2}a_n^2$$

であるから

$$0 < a_n^2 < \dfrac{2}{n-1}.$$

ここで $n \to \infty$ とすれば, はさみうちの原理により $a_n \to 0$. ゆえに $\sqrt[n]{n} \to 1 \, (n \to \infty)$.

3. 第 n 部分和を s_n とおく.

$$s_{2n} - s_n = \dfrac{1}{n+1} + \dfrac{1}{n+2} + \cdots + \dfrac{1}{2n} > \dfrac{1}{2n} + \dfrac{1}{2n} + \cdots + \dfrac{1}{2n} = \dfrac{1}{2}$$

となる. 収束するとすれば $s_{2n} - s_n \to 0$ となるが, そうならないので発散する.

4. (1) 1. (2) -1. (3) $1/\sqrt{2}$. (4) 分子と分母に $\sqrt{x+1}+1$ をかけて有理化する．$1/2$．(5) $x<0$ のとき $\sqrt{x^2}=-x$ であることに注意．-1．(6) 分母を 1 だと考えて分子と分母に $\sqrt{x+1}+\sqrt{x}$ をかける．0．

5. (1) 定義域，連続になる区間ともに $(-\infty, 0)$ および $(0, \infty)$．
(2) 定義域は $(-\infty, \infty)$，連続になる区間は $(n, n+1)$ $(n=0, \pm 1, \pm 2, \cdots)$．

● 演習問題 2 (p.28)

1. (1) $\dfrac{1}{h}\left(\dfrac{1}{x+h}-\dfrac{1}{x}\right)=\dfrac{-1}{x(x+h)}\to -\dfrac{1}{x^2}$．
(2)
$$\dfrac{\sqrt{x+h}-\sqrt{x}}{h}=\dfrac{(x+h)-x}{h(\sqrt{x+h}+\sqrt{x})}=\dfrac{1}{\sqrt{x+h}+\sqrt{x}}\to \dfrac{1}{2\sqrt{x}}.$$

2. (1) $3x^2-3$．(2) $3x^2+2x+2$．(3) $60x(3x^2+1)^9$．
(4) $(2x+1)^2(x+3)^4(16x+23)$．(5) $\dfrac{1}{(x+2)^2}$．(6) $\dfrac{2x^3(x^2+x+2)}{(x+1)^3(x^2+1)^2}$．

3. (1) $y=x+1$．(2) $y=-2x-1$．

4. $x=a$ のとき接線の傾きは $3a^2-4a-1$，これが -2 になるのは $a=\dfrac{1}{3}$ と $a=1$．$a=\dfrac{1}{3}$ のとき $y=-2x+\dfrac{58}{27}$．$a=1$ のとき $y=-2(x-1)$．

● 演習問題 3 (p.38)

1. (1) $-\dfrac{1}{2\sqrt{x^3}}$．(2) $\dfrac{2x+1}{3\sqrt[3]{(x^2+x+1)^2}}$．(3) $\dfrac{1}{2\sqrt{x(x+1)^3}}$．
(4) $\dfrac{1}{2\sqrt{x}\sqrt{x-1}\,(\sqrt{x}+1)}$．

2. (1) $\dfrac{x^4}{4}-x^3+\dfrac{x^2}{2}-2x$．(2) $\dfrac{1}{10}(2x+3)^5$．(3) $\dfrac{1}{3}\sqrt{(2x+1)^3}$．
(4) $\dfrac{2}{7}\sqrt{x^7}$．(5) $-\dfrac{1}{2(x^4+1)^2}$．(6) $\dfrac{2}{3}(\sqrt{(x+1)^3}+\sqrt{x^3})$．
(7) $-\dfrac{1}{3}\sqrt{(a^2-x^2)^3}$．(8) $\sqrt{x^2+A}$．

演習問題の解答　217

● 演習問題 4 (p.49)

1. (1) $2e^{2x-1}$.　(2) $(1-2x^2)e^{-x^2}$.　(3) $\dfrac{2x+1}{x^2+x+1}$.
(4) $\log(x+1)+1$.　(5) $\tanh x$　(6) $\dfrac{x}{1+x^2}$.

2. (1) $\dfrac{a^{\log x}\log a}{x}$.　(2) $x^{\sqrt{x}-\frac{1}{2}}\left(\dfrac{1}{2}\log x+1\right)$.

3. (1) $-\dfrac{1}{9}(3x+1)e^{-3x}$.　(2) $\log\left(\dfrac{e^x}{1+e^x}\right)$.　(3) $\dfrac{2}{3}(1+\log x)^{\frac{3}{2}}$.
(4) $(1+e^x)\log(1+e^x)-e^x$.　(5) $\log|1+\sinh x|$.　(6) $\log(\cosh x)$.

4. 略.

● 演習問題 5 (p.60)

1. (1) $2\cos 2x$.　(2) $-\dfrac{\sin\sqrt{x}}{2\sqrt{x}}$.　(3) $-\operatorname{cosec}^2 x$.　(4) $\dfrac{x\cos x-\sin x}{x^2}$.
(5) $\cot x$.　(6) $4\sin^3 x\cos x$.　(7) $\dfrac{a}{a^2+x^2}$.　(8) $\dfrac{x}{|x|\sqrt{1-x^2}}$.
(9) $\dfrac{1}{\sin x}$.　(10) $e^{ax}((a+b)\cos bx+(a-b)\sin bx)$.

2. (1) $\dfrac{x-\sin x\cos x}{2}$.　(2) $2\log\left|\sin\dfrac{x}{2}\right|$.　(3) $x\tan x+\log|\cos x|$.
(4) $x\sin^{-1}x+\sqrt{1-x^2}$.

● 演習問題 6 (p.70)

1. (1) $\log\left|\dfrac{(x-1)^3}{x+2}\right|$.　(2) $\dfrac{1}{78}\log\left|\dfrac{x-3}{x+3}\right|-\dfrac{1}{26}\tan^{-1}\dfrac{x}{2}$.
(3) $2(\sqrt{x}-\tan^{-1}\sqrt{x})$.　(4) $\dfrac{1}{5}\tan^{-1}\dfrac{x-2}{5}$.
(5) $\log|x|-\dfrac{1}{x}-\tan^{-1}x$.　(6) $4\left(\dfrac{\sqrt[4]{x^3}}{3}-\sqrt[4]{x}+\tan^{-1}\sqrt[4]{x}\right)$.
(7) $-\tan(\cos^{-1}x)\left(\text{または}-\dfrac{\sqrt{1-x^2}}{x}\right)$.
(8) $x-\dfrac{1}{2}\log|(x+3)^3(x-1)|+\log(x-2)^2$.

2. (1) $\tan^{-1}\sqrt{\dfrac{x-1}{2-x}} - \sqrt{(2-x)(x-1)}$.

(2) $2\sin^{-1}\dfrac{x+1}{2} + \dfrac{1}{2}\sqrt{(3+x)(1-x)}(x+1)$.

$\sin^{-1}\dfrac{x+1}{2} = 2\tan^{-1}\sqrt{\dfrac{3+x}{1-x}} + 定数$

が示されるから $4\tan^{-1}\sqrt{\dfrac{3+x}{1-x}} + \dfrac{1}{2}\sqrt{(3+x)(1-x)}(x+1)$ と表すこともできる.

(3) $\sqrt{x^2+x+1} - \dfrac{1}{2}\log(2\sqrt{x^2+x+1}+2x+1)$.

(4) $\dfrac{x^2 - x\sqrt{x^2-1} + \log|x+\sqrt{x^2-1}|}{2}$.

3. (1) $x + \dfrac{2}{\tan(x/2)+1}$. (2) $\tan\dfrac{x}{2}$. (3) $\pm 2\left(-\cos\dfrac{x}{2}+\sin\dfrac{x}{2}\right)$(符号は $\sin\dfrac{x}{2}+\cos\dfrac{x}{2}$ の符号と同じ). (4) $\tan x - x$.

● 演習問題 7 (p.83)

1. (1) 7. (2) $\log\sqrt{5}$. (3) $2(\sqrt{2}-1)$. (4) $-\dfrac{3\sqrt{3}}{4\pi}$.

(5) $\displaystyle\int_0^{\frac{\pi}{4}}\tan^2 x\,dx = \int_0^{\frac{\pi}{4}}(\sec^2 x - 1)dx = [\tan x - x]_0^{\frac{\pi}{4}} = 1 - \dfrac{\pi}{4}$.

(6) $e + e^{-1} - 2$.

2. (1) $\sqrt[4]{x} = t$ とおく. $\pi - \dfrac{8}{3}$. (2) $\sqrt{4-x} = t$ とおく. $\dfrac{10}{3}$.

(3) $\displaystyle\int_0^{\pi}\sin^5 x\,dx = 2\int_0^{\frac{\pi}{2}}\sin^5 x\,dx = 2\int_0^{\frac{\pi}{2}}(1-\cos^2 x)^2 \sin x\,dx$. $\cos x = t$ とおく. $\dfrac{16}{15}$. (4) $\tan\dfrac{x}{2} = t$ とおく. $\dfrac{\pi}{2} - 1$.

(5) 部分積分法による. $2e^2 - e$.

(6) $\sin^{-1} x = (x)'\sin^{-1} x$ として部分積分法による. $\dfrac{\pi}{2} - 1$.

(7) 積分を I とおけば

$$I = [-e^{-x}\cos x]_0^{\frac{\pi}{2}} - \int_0^{\frac{\pi}{2}} e^{-x}\sin x\,dx = 1 + [e^{-x}\sin x]_0^{\frac{\pi}{2}} - I$$

より $I = \dfrac{1 + e^{-\frac{\pi}{2}}}{2}$.

(8) 部分積分法により $\dfrac{e^2 + 1}{4}$.

3. $I_n = \displaystyle\int_0^{\frac{\pi}{2}} \sin^n x\, dx$ とおく． $\dfrac{\pi}{2} - x = t$ とおけば $\displaystyle\int_0^{\frac{\pi}{2}} \cos^n x\, dx = I_n$.

$I_0 = \dfrac{\pi}{2}$. $I_1 = 1$.

$n \geqq 2$ のとき

$$I_n = [-\cos x \sin^{n-1} x]_0^{\frac{\pi}{2}} + (n-1)\int_0^{\frac{\pi}{2}} \cos^2 x \sin^{n-2} x\, dx$$

$$= (n-1)(I_{n-2} - I_n).$$

これより $I_n = \dfrac{n-1}{n} I_{n-2}$.

● 演習問題 **8** (p.92)

1. (1) $\dfrac{14}{19}$. (2) $\dfrac{1}{6}$. (3) $-\dfrac{1}{2}$. (4) $-\dfrac{1}{3}$. (5) 0.

(6) $(2-x)^{\frac{1}{x-1}} = \{(1+(1-x))^{\frac{1}{1-x}}\}^{-1} \to e^{-1}\ (x \to 1)$.

(7) $y = \left(\dfrac{a^x + b^x}{2}\right)^{\frac{1}{x}}$ とおけば

$$\lim_{x \to 0} \log y = \lim_{x \to 0} \dfrac{\log(a^x + b^x) - \log 2}{x} = \lim_{x \to 0} \dfrac{a^x \log a + b^x \log b}{a^x + b^x}$$

$$= \log \sqrt{ab}.$$

ゆえに $y \to \sqrt{ab}$.

(8) $x - x^2 \log\left(1 + \dfrac{1}{x}\right) = \dfrac{1/x - \log(1 + 1/x)}{1/x^2}$ としてロピタルの定理を使う． $\dfrac{1}{2}$.

2. (1) $\sinh x = x + \dfrac{x^3}{6} + o(x^4)$ であるから

$$\dfrac{\sinh x - x}{x^3} = \dfrac{1}{6} + o(x).$$

ゆえに 3 位の無限小．

(2) $\log(1+x) = x - \dfrac{x^2}{2} + o(x^2)$ より

$$\log(1+x^2) = x^2 - \frac{x^4}{2} + o(x^4).$$

したがって

$$\frac{\log(1+x^2) - x^2}{x^4} = -\frac{1}{2} + \frac{o(x^4)}{x^4}.$$

ゆえに 4 位の無限小.

● 演習問題 9 (p.104)

1. (1) $a^x(\log a)^n$. (2) $(\sin^2 x)' = 2\sin x \cos x = \sin 2x$ より
$2^{n-1}\sin\left(2x + \frac{n-1}{2}\pi\right)$. (3) $\frac{(-1)^n n! a^n}{(ax+b)^{n+1}}$. (4) $\frac{1}{x^2-1}$
$= \frac{1}{2}\left(\frac{1}{x-1} - \frac{1}{x+1}\right)$ として $\frac{(-1)^n n!}{2}\left(\frac{1}{(x-1)^{n+1}} - \frac{1}{(x+1)^{n+1}}\right)$.

2. (1) $x + x^2 + \frac{x^3}{3} + 0x^4 + \cdots$. (2) $x + \frac{x^3}{3} + 0x^4 + \cdots$.

3. (1) $1 - x + x^2 - \cdots + (-1)^n x^n + (-1)^{n+1}\frac{x^{n+1}}{(1+\theta x)^{n+2}}$ $(0 < \theta < 1)$.

(2) $1 + \frac{1}{2}x + \frac{3}{8}x^2 + \cdots + \frac{(2n)!}{2^{2n}(n!)^2}x^n + \frac{(2n+2)!}{2^{2n+2}\{(n+1)!\}^2}\frac{x^{n+1}}{(1-\theta x)^{n+\frac{3}{2}}}$
$(0 < \theta < 1).$

● 演習問題 10 (p.115)

1. (1) $f(x) = \log(1+x) - x + \frac{x^2}{2}$, $g(x) = x - \log(1+x)$ とおく. $f'(x) = \frac{x^2}{1+x} > 0\,(x>0)$, $f(0) = 0$ より $x > 0$ で $f(x) > 0$. $g'(x) = \frac{x}{1+x} > 0\,(x > 0)$, $g(0) = 0$ より $x > 0$ で $g(x) > 0$.

(2) $f(x) = \tan^{-1} x - \frac{x}{x^2+1}$, $g(x) = x - \tan^{-1} x$ とおく. $f'(x) = \frac{2x^2}{(x^2+1)^2} > 0\,(x > 0)$, $f(0) = 0$ より $x > 0$ で $f(x) > 0$. $g'(x) = \frac{x^2}{x^2+1} > 0\,(x > 0)$, $g(0) = 0$ より $x > 0$ で $g(x) > 0$.

2. 長方形の 1 辺の長さを $2x$ とすれば $0 < x < a$ であって, 他の 1 辺は $2\sqrt{a^2 - x^2}$, よって面積は $S = 4x\sqrt{a^2 - x^2}$.

$$\frac{S'}{4} = \sqrt{a^2-x^2} - \frac{x^2}{\sqrt{a^2-x^2}} = \frac{a^2-2x^2}{\sqrt{a^2-x^2}}.$$

よって $0 < x < a/\sqrt{2}$ で増加, $a/\sqrt{2} < x < a$ で減少で, $x = a/\sqrt{2}$ のとき, すなわち正方形のとき最大値をとる.

3. (1) $y' = 4(1-x^2)(1+x^2)^{-2}, y'' = 8x(x^2-3)(1+x^2)^{-3}$. 変曲点は $(-\sqrt{3}, -\sqrt{3}), (0,0), (\sqrt{3}, \sqrt{3}), x < -\sqrt{3}, 0 < x < \sqrt{3}$ で上に凸, $-\sqrt{3} < x < 0, \sqrt{3} < x$ で下に凸. 増減表は下の通り. 最大値 $f(1) = 2$, 最小値 $f(-1) = -2$.

x	$-\infty$		-1		1		∞
y'	0	$-$	0	$+$	0	$-$	0
y	0	↘	-2	↗	2	↘	0

(2) $y = e^{-x}\sin x, y' = \sqrt{2}e^{-x}\sin(x+3\pi/4), y'' = 2e^{-x}\sin(x+3\pi/2)$, n を整数として $2n\pi - 3\pi/4 < x < 2n\pi + \pi/4$ で増加, $2n\pi + \pi/4 < x < 2n\pi + 5\pi/4$ で減少.

$$2n\pi - \frac{3}{2}\pi < x < 2n\pi - \frac{\pi}{2} \text{ で下に凸},$$
$$2n\pi - \frac{\pi}{2} < x < 2n\pi + \frac{\pi}{2} \text{ で上に凸}.$$

$\left(\left(n+\frac{1}{2}\right)\pi, (-1)^n e^{-(n+\frac{1}{2})\pi}\right)$ が変曲点.

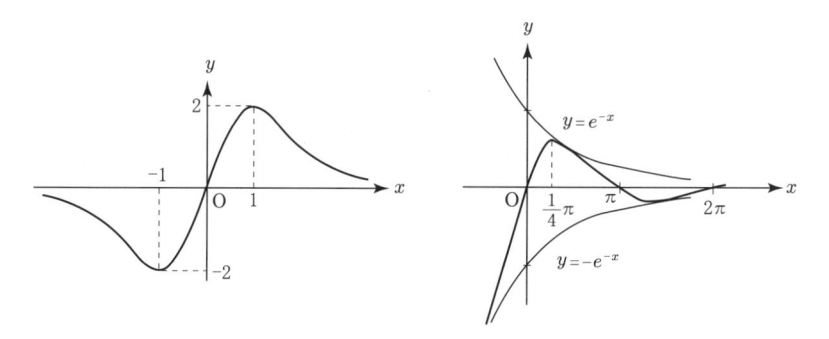

図1 (1), (2)

4. (1) $y' = -x\sin x$. $x = 0, \pi$ で $y' = 0$. 最大値は $x = 0$ で $y = 0$, 最小値は $x = \pi$ で $y = -\pi$.

(2) $y' = -2\cos x(\sin x - 1/2)$. 最大値は $x = \pi/6, 5\pi/6$ のとき最大値 $y =$

$5/4$. 最小値は $x = 0, \pi/2, \pi$ のとき 1.

● 演習問題 **11** (p.126)

1. (1) 2.   (2) $\dfrac{\pi}{2}$.   (3) $-\dfrac{1}{4}$.

(4) $\tan\dfrac{x}{2} = t$ とおけば

$$\int_0^\pi \frac{dx}{1 - 2\cos x} = \int_0^\infty \frac{2}{3t^2 - 1}dt = \frac{1}{\sqrt{3}}\left[\log\left|\frac{\sqrt{3}\,t - 1}{\sqrt{3}\,t + 1}\right|\right]_0^\infty = 0.$$

2. (1) ∞.

(2) $\displaystyle\int_0^\infty \frac{1}{x^2}\log(1 + x^2)dx = \left[-\frac{1}{x}\log(1 + x^2) + 2\tan^{-1} x\right]_0^\infty = \pi.$

● 演習問題 **12** (p.136)

1. (1) $S = \displaystyle\int_{-1}^1 (x^2 + x + 1)dx = 2\int_0^1 (x^2 + 1)dx = \dfrac{8}{3}$.

(2) $S = \displaystyle\int_{-1}^1 \{(-x^2 + 2) - x^2\}dx = \dfrac{8}{3}$.

(3) $S = \displaystyle\int_0^a (\sqrt{a} - \sqrt{x})^2 dx = \dfrac{a^2}{6}$.

(4) $S = \displaystyle\int_{\frac{\pi}{4}}^{\frac{5\pi}{4}} (\sin x - \cos x)dx = 2\sqrt{2}$.

2. (1) $2a\sinh\dfrac{b}{a}$.

(2) $x = a\cos^4 t$, $y = a\sin^4 t$ とおく. $L = a\left\{1 + \dfrac{1}{\sqrt{2}}\log(1 + \sqrt{2})\right\}$.
$\sqrt{x} = \dfrac{\sqrt{a}}{2}(1 + t)$ $(-1 \leqq t \leqq 1)$ とおいてもよい.

3. (1) $V = \dfrac{\pi^2}{2}$.

(2) $V = \pi\displaystyle\int_{-a}^a (b + \sqrt{a^2 - x^2})^2 dx - \pi\int_{-a}^a (b - \sqrt{a^2 - x^2})^2 dx$
$= 8\pi b\displaystyle\int_0^a \sqrt{a^2 - x^2}\,dx = 2\pi^2 a^2 b.$

4. (1) $S = 2\pi \int_0^1 x^2 \sqrt{1+4x^2}\,dx$. $\sqrt{1+4x^2} = t - 2x$ とおく．
$S = \dfrac{\pi}{32}(18\sqrt{5} - \log(2+\sqrt{5}))$.

(2) $S = 2\pi \int_{-a}^a (b+\sqrt{a^2-x^2})\dfrac{a}{\sqrt{a^2-x^2}}\,dx + 2\pi \int_{-a}^a (b-\sqrt{a^2-x^2})\dfrac{a}{\sqrt{a^2-x^2}}\,dx$

より $S = 4\pi^2 ab$.

● 演習問題 **13** (p.150)

1. (1) $x \geqq 0$, $y \geqq 0$ として $x = a\cos^3 t$, $y = a\sin^3 t$ とおけば, $dx = 3a\sin^2 t \cos t\, dt$ であり，

$$S = 4\int_0^a y\,dx = 12a^2 \int_0^{\frac{\pi}{2}} \sin^4 t \cos^2 t\,dt$$
$$= 12a^2 \int_0^{\frac{\pi}{2}} (\sin^4 t - \sin^6 t)dt = \dfrac{3\pi a^2}{8}.$$

(2) $x = r\cos\theta$, $y = r\sin\theta$ とおくと
$$r = \dfrac{3a\cos\theta \sin\theta}{\cos^3\theta + \sin^3\theta}.$$

ゆえに
$$S = \dfrac{1}{2}\int_0^{\frac{\pi}{2}} \dfrac{9a^2 \cos^2\theta \sin^2\theta}{(\cos^3\theta + \sin^3\theta)^2}\,d\theta$$
$$= \dfrac{9a^2}{2}\int_0^{\frac{\pi}{2}} \dfrac{\tan^2\theta}{(1+\tan^3\theta)^2}\dfrac{d\theta}{\cos^2\theta}.$$

$\tan\theta = t$ とおけば
$$S = \dfrac{9a^2}{2}\int_0^{\infty} \dfrac{t^2}{(1+t^3)^2}\,dt = \dfrac{3a^2}{2}.$$

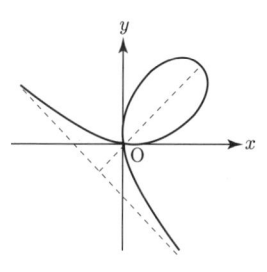

図 2　正葉形

2. (1) $L = \int_0^{2a} \sqrt{1 + \left(\dfrac{y}{2a}\right)^2}\,dy$
$= (\sqrt{2} + \log(1+\sqrt{2}))a$.

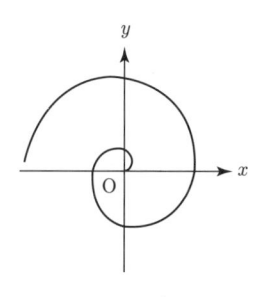

(2) $x = a\theta\cos\theta$, $y = a\theta\sin\theta$ より
$L = a\int_0^b \sqrt{1+\theta^2}\,d\theta$

図 3　アルキメデス螺線

$$= \frac{a}{2}(b\sqrt{1+b^2} + \log(b + \sqrt{1+b^2})).$$

3. 略.

4. $y^2 = \dfrac{4}{27p}(x - 2p)^3$

● 演習問題 14 (p.166)

1. (1) $\dfrac{(n+1)^2}{n^3} > \dfrac{(n+1)^2}{(n+1)^3} = \dfrac{1}{n+1}$ であって $\sum_{n=1}^{\infty} \dfrac{1}{n+1}$ は発散するから発散.

以下, 第 n 項を a_n とする.

(2) $\dfrac{a_{n+1}}{a_n} = \dfrac{1 + 1/n}{2} \to \dfrac{1}{2}$. ゆえに収束.

(3) $n \geqq 2$ ならば $1 - \dfrac{1}{\sqrt{n}} \geqq 1 - \dfrac{1}{\sqrt{2}}$ で $\sum_{n=2}^{\infty} \dfrac{1}{n+1}$ は発散するから発散.

(4) $\sqrt[n]{a_n} = \left(\left(1 - \dfrac{1}{n}\right)^{-n}\right)^{-1} \to e^{-1} < 1$ より収束.

2. (1) 1.　(2) 0.　(3) $\sqrt[n]{n} \to 1$ より 2.　(4) 1.

3. (1)　$a^x = e^{x \log a} = \sum_{n=0}^{\infty} \dfrac{(\log a)^n}{n!} x^n$.

(2)　$\sin x \cos x = \dfrac{1}{2} \sin 2x = \sum_{m=0}^{\infty} \dfrac{(-1)^m 2^{2m}}{(2m+1)!} x^{2m+1}$.

4. (1)　$\dfrac{1}{\sqrt{1-x^2}} = (1-x^2)^{-\frac{1}{2}} = \sum_{n=0}^{\infty} \binom{-\frac{1}{2}}{n} (-x^2)^n \quad (|x| < 1).$

$\binom{-\frac{1}{2}}{n} = \dfrac{(-1)^n (2n)!}{2^{2n} (n!)^2}$ であるから

$$\dfrac{1}{\sqrt{1-x^2}} = \dfrac{(2n)! x^{2n}}{2^{2n} (n!)^2} \quad (|x| < 1).$$

ゆえに

$$\sin^{-1} x = \int_0^x \dfrac{dt}{\sqrt{1-t^2}} = \sum_{n=0}^{\infty} \dfrac{(2n)! x^{2n+1}}{2^{2n} (2n+1)(n!)^2} \quad (|x| < 1).$$

(2)　$\dfrac{1}{1+x^2} = 1 - x^2 + x^4 - \cdots = \sum_{n=0}^{\infty} (-1)^n x^{2n} \quad (|x| < 1)$

より

$$\tan^{-1} x = \int_0^x \frac{dt}{1+t^2} = \sum_{n=0}^{\infty} (-1)^n \frac{x^{2n+1}}{2n+1}.$$

● 演習問題 15 (p.182)

1. (1) $\int \frac{dy}{1+y^2} = \frac{x^2}{2} + C.$ $\tan^{-1} y = \frac{x^2}{2} + C.$ $\therefore y = \tan\left(\frac{x^2}{2} + C\right).$

(2) $y \neq \pm 1$ のとき,

$$\int \frac{y}{\sqrt{1-y^2}}\, dy + \int \frac{x}{\sqrt{1-x^2}}\, dx = C.$$

これより

$$y^2 = 1 - (\sqrt{1-x^2} + C)^2.$$

および特異解 $y = \pm 1$.

2. $y = ux$ とおけば $y' = u'x + u$ である.

(1) $y' = \frac{1-y/x}{1+y/x}$ より $u'x + u = \frac{1-u}{1+u}$. ゆえに $u'x = \frac{1-2u-u^2}{1+u}$.

$$\frac{u+1}{u^2+2u-1} u' = -\frac{1}{x}.$$

$$\int \frac{u+1}{u^2+2u-1}\, du = -\int \frac{dx}{x}.$$

$$\frac{1}{2} \log|u^2+2u-1| = -\log|x| + C_1, \quad \log\sqrt{|x^2-2xy-y^2|} = C_1.$$

$$x^2 - 2xy - y^2 = C \quad (C = \pm e^{2C_1}).$$

(2) $y \neq 0$ のとき

$$y' = \frac{xy}{x^2+y^2}, \quad u'x + u = \frac{u}{1+u^2}.$$

$$u'x = -\frac{u^3}{1+u^2}.$$

$$\log|u| - \frac{1}{2u^2} = -\log|x| + C.$$

$$\therefore \log|y| = \frac{x^2}{2y^2} + C.$$

さらに $y = 0$ は特異解.

3. (1) $(xy)' = xy' + y = x\left(y' + \dfrac{1}{x}y\right) = x^3.$

$xy = \dfrac{x^4}{4} + C.$

$y = \dfrac{x^3}{4} + \dfrac{C}{x}.$

(2) $(ye^{-3x})' = (y' - 3y)e^{-3x} = e^{-4x}.$

$ye^{-3x} = -\dfrac{e^{-4x}}{4} + C.$

$y = -\dfrac{e^{-x}}{4} + Ce^{3x}.$

4. (1) 付随する同次方程式の一般解は $y = c_1 \cos x + c_2 \sin x$. $y = u\cos x$ の形の特殊解を求める. $y' = u'\cos x - u\sin x$, $y'' = u''\cos x - 2u'\sin x - u\cos x$. したがって $u''\cos x - 2u'\sin x = \sin x$. $u = -\dfrac{x}{2}$. よって解は

$$y = c_1 \cos x + c_2 \sin x - \dfrac{x\cos x}{2}.$$

(2) 付随する同次方程式の特性方程式は $(\lambda + 2)^2 = 0$ であるから, 同次方程式の一般解は $y = e^{-2x}(c_1 x + c_2)$. $y = Ce^x$ の形の非同次方程式の特殊解を探す. $y = y' = y'' = Ce^x$ であるから $C = \dfrac{1}{9}$. ゆえに

$$y = e^{-2x}(c_1 x + c_2) + \dfrac{1}{9}e^x.$$

人名

Abel(アーベル), Niels Henrik, 1802-1829

Archimedes(アルキメデス), 287?-212 B.C.

Cauchy(コーシー), Augustin-Louis, 1789-1857

d'Alembert(ダランベール), Jean le Rond, 1717-1783

Darboux(ダルブー), Jean Gaston, 1842-1917

Descartes(デカルト), René, 1596-1650

Euler(オイラー), Leonhard, 1707-1783

Fermat(フェルマ), Pierre de, 1601-1665

Hadamard(アダマール), Jacques Salomon, 1865-1963

Hooke(フック), Robert, 1635-1703

Lagrange(ラグランジュ), Joseph-Louis, 1736-1813

Landau(ランダウ), Edmund Georg Hermann, 1877-1938

Laurent(ローラン), Pierre Alphonse, 1813-1854

Legendre(ルジャンドル), Adrien-Marie, 1752-1833

Leibniz(ライプニッツ), Gottfried Wilhelm von, 1646-1716

l'Hôpital(ロピタル), Guillaume François Antoine Marquis de, 1661-1704

Maclaurin(マクローリン), Colin, 1698-1746

Napier(ネイピア), John, 1550-1617

Newton(ニュートン), Isaac, 1642-1727

Pascal(パスカル), Blaise, 1623-1662

Riemann(リーマン), Georg Friedrich Bernhard, 1826-1866

Rolle(ロル), Michel, 1652-1719

Rutherford(ラザフォード), Ernest, 1871-1937

Taylor(テイラー), Brook, 1685-1731

Weierstrass(ワイエルシュトラス), Karl Theodor Wilhelm, 1815-1897

参考文献

[1] 江口正晃・久保 泉・熊原啓作・小泉 伸：基礎微分積分学 (第 3 版), 学術図書, 2007.
[2] 熊原啓作：新訂解析学, 放送大学教育振興会, 2000.
[3] 熊原啓作：多変数の微積分, 放送大学教育振興会, 2003.
[4] 熊原啓作・室 政和：微分方程式への誘い, 放送大学教育振興会, 2011.
[5] 阪井 章：応用解析 微分方程式, 共立出版, 1993.
[6] 杉浦光夫：解析入門 I, 基礎数学 2, 東京大学出版会, 1980.
[7] 高木貞治：解析概論 (改訂第 3 版), 岩波書店.
[8] 竹之内 脩：常微分方程式, 使える数学シリーズ 4, 秀潤社, 1977.
[9] 田代嘉宏・熊原啓作：微分積分 (演習シリーズ), 裳華房, 1989.
[10] C.R.Wylie and L.C.Barrett, Advanced Engineering Mathematics, 5th edition, McGraw-Hill, 1982.
[11] D. バージェス, M. ボリー (垣田高夫・大町比佐栄訳)：微分方程式で数学モデルを作ろう, 日本評論社, 1990.
[12] R. ハーバーマン (熊原啓作訳)：力学的振動の数学モデル, 現代数学社, 1981.

索引

アークコサイン 58
アークサイン 58
アークタンジェント 58
アーベルの定理 212
アステロイド 131
アルキメデスの原理 185
アルキメデス螺線 150
α 位 93

一様収束 207
一様連続 202
1 階線形常微分方程式 172
一般解 168, 175

上に凸 111
上に有界 184

n 階導関数 94
n 回微分可能 94
円 131
円環面 137

オイラーの公式 177
オイラーの定数 158

カージオイド 142
開区間 2
回転体の体積 133
回転体 132
回転楕円体 134
下界 184
角振動数 177
拡張された 2 項定理 164
各点収束 207
下限 185
傾き 5
傾きが無限大 5
関数 1
ガンマ関数 123

基線 7
基本解 176
逆関数 3, 198
逆三角関数 57
級数 10, 152
狭義単調減少 34
狭義単調増加 34
狭義凸 111
強制振動 180
共鳴 181
極 7
極限値 8, 11
極座標 7
極小 108
曲線 5, 139
極大 108
極値 108
極方程式 139
曲率 146
曲率円 149
曲率半径 146

区分求積法 73
区分的に滑らか 140
グラフ 5

原始関数 29
懸垂線 137
原点 4

項 10
高位 93
高位の無限小 25
広義一様収束 210
広義積分 117, 119
広義積分可能 117
広義の極小 108
広義の極大 108
交項級数 211

合成関数　3, 195
項別積分　161
項別積分定理　208
項別微分　161
項別微分定理　208
コーシー - アダマールの定理　210
コーシーの収束条件　185
コーシーの収束判定定理　10–12, 191
コーシーの剰余項　99
コーシーの判定法　156
コーシーの平均値の定理　88
コーシー列　191
誤差　27
固有振動数　177

サイクロイド　138
細分　203
座標　4, 5

C^n 級　94
C^∞ 級　94
指数関数　39
自然対数　42
自然対数の底　42
下に凸　111
下に有界　184
実数体　184
写像　1
収束　8, 11, 186
収束する　192
収束半径　160
従属変数　2
縮閉線　149
瞬間変化率　19
順序体　184
上界　184
上極限　209
上限　184
条件収束　211
剰余項　99
初期条件　31, 169
伸開線　149
心臓形　142
振動数　177
振幅　176

数学的帰納法　24

数学モデル　167
数直線　4
数列　8, 185

正割　51
整級数　160
整級数展開　163
正弦　50
正項級数　154
正接　50
正葉形　150
ゼータ関数　158
積分可能　72
積分する　30
積分定数　30
積分の平均値の定理　78
接線ベクトル　145
絶対収束　153
切片　5
線形常微分方程式　172
線形非同次微分方程式　179
線形微分方程式　175

像　2
双曲線関数　47
増減表　107
相対誤差　27
増分　21
速度　31
側面積　136

体　184
第 n 次導関数　94
第 n 部分和　192
対数関数　39
対数微分法　45
第 2 次導関数　94
多項式　5
縦線集合　73
ダランベールの判定法　155
ダルブーの定理　204
単位点　4
単調　34
単調減少　34
単調減少数列　189
単調増加　34
単調増加数列　189

単調和振動　176

値域　2
置換積分法　32, 82
中間値の定理　197
直円錐　134
直線　5
直交座標系　4

定義域　2
定常状態　181
定数係数　175
定数変化法　173
定積分　72
テイラー級数　163
テイラー展開　100
テイラーの定理　98
デカルト座標　5

同位　93
導関数　20
動径　7
動径成分　7
同次　172
同次形　182
同次方程式　175
トーラス　137
解く (微分方程式を)　167
特異解　171
特異積分　117
特殊解　168, 180
特性方程式　177
独立変数　2
凸関数　111

長さ (曲線の)　130
滑らか　140

2 階導関数　94
2 項係数　96
2 項定理　41
ニュートンの冷却の法則　172

ネイピア数　42

ハイパボリック・コサイン　47
ハイパボリック・サイン　47
ハイパボリック・タンジェント　47

はさみうちの原理　9
発散　8
発散する　192
バネの振動　175
パラメーター　138, 139
半開区間　2

左側極限値　13
非同次　172
微分　26, 199
微分可能　19
微分可能 (区間で)　20
微分係数　19
微分商　26
微分する　20
微分積分学の基本定理　80
微分方程式　167

複素数体　184
付随する同次方程式　172, 180
フックの法則　175
不定形　89
不定積分　29
部分積分法　37, 81
部分分数分解　63
部分列　190
部分和　11, 152

平均値の定理　85
平均変化率　17
閉区間　2
平行座標系　7
平衡点　175
ベータ関数　125
べき級数　160
べき級数展開　163
偏角　7
変曲点　114
変数　2
変数分離形　168

法線　140
法線ベクトル　147
放物線　5

マクローリン級数　163
マクローリン展開　101
マクローリンの定理　100

右側極限値　13

無限回微分可能　94
無限区間　2
無限小　25, 92
無限数列　8
無限大　13
無限等比級数　153

有界　122, 184
有限数列　8
有理数体　184

余割　51
余弦　50
余接　50

ライプニッツの公式　96
ラグランジュの剰余項　99
ランダウの記号　26

リーマンのゼータ関数　158
リーマン和　72

レムニスケート　144
連珠形　144
連続　15, 194
連続性　184

ロピタルの定理　89
ロルの定理　86

和　11, 152, 192
ワイエルシュトラスの定理　190

JCOPY ＜(社)出版者著作権管理機構　委託出版物＞

本書の無断複写は著作権法上での例外を除き禁じられています．
複写される場合は，そのつど事前に，
　(社) 出版者著作権管理機構
　TEL：03-3513-6969，FAX：03-3513-6979，E-mail：info@jcopy.or.jp
の許諾を得てください．
また，本書を代行業者等の第三者に依頼してスキャニング等の行為によりデジタル化することは，
個人の家庭内の利用であっても，一切認められておりません．

●著者紹介

熊原啓作（くまはら・けいさく）
　　1942 年　兵庫県に生まれる．
　　1965 年　岡山大学理学部数学科を卒業．
　　1967 年　岡山大学大学院理学研究科修士課程を修了．
　　　　　　その後，大阪大学，鳥取大学を経て，
　　現　在　放送大学教授．鳥取大学名誉教授．
　　　　　　専攻は等質空間上の調和解析学．理学博士．

主な著書・訳書
『行列・群・等質空間』(日本評論社)
『多変数の微積分』(放送大学教育振興会)
『複素数と関数』(放送大学教育振興会)
『解析入門』(共著；放送大学教育振興会)
『身近な統計』(共著；放送大学教育振興会)
『微分方程式への誘い』(共著；放送大学教育振興会)
『基礎微分積分学』(共著；学術図書出版社)
『微分積分』基礎演習シリーズ(共著；裳華房)
R.J. ウィルソン『数学の切手コレクション』(シュプリンガー・ジャパン)
　　ほか多数．

入門微分積分学15章

2011 年 9 月 25 日　第 1 版第 1 刷発行

著　者 ………………… 熊原啓作 ©
発行者 ………………… 黒田敏正
発行所 ………………… 株式会社　日本評論社
　　　　　　　　　　〒170-8474　東京都豊島区南大塚 3-12-4
　　　　　　　　　　TEL：03-3987-8621 ［販売部］　　http://www.nippyo.co.jp
企画・制作 …………… 亀書房　[代表：亀井哲治郎]
　　　　　　　　　　〒264-0032　千葉市若葉区みつわ台 5-3-13-2
　　　　　　　　　　TEL & FAX：043-255-5676　　http://homepage2.nifty.com/kame-shobo/
印刷所 ………………… 三美印刷株式会社
製本所 ………………… 株式会社難波製本
装　訂 ………………… 駒井佑二
ISBN 978-4-535-78567-0　　Printed in Japan

πと微積分の23話

寺澤 順／著

円周率πをめぐって、こんなに豊かで深い数学の世界があったとは！　微積分をフルに活用しながら、その魅力と面白さを堪能しよう。

数学ひろば◆定価2,310円(税込)／A5判／ISBN978-4-535-78531-1

解析の流れ

森　毅／著

小学校から大学までの数学の中心をなす《解析》の基本理念と思想の流れを、「意味」にこだわりつつ縦横に解き明かす。待望の新版。

数学ひろば◆定価2,625円(税込)／A5判／ISBN978-4-535-78523-6

数と図形の歴史70話

上垣 渉・何森 仁／著

古代から現代まで、《数》と《図形》が見せる意外な「表情」や不思議な「ふるまい」を、文化史的話題も織り込んで紹介する歴史物語。

数学ひろば◆定価2,625円(税込)／A5判／ISBN978-4-535-78558-8

日本評論社　　http://www.nippyo.co.jp/